Umschlagbild
Alte Säge in Melchnau BE.

Vorsatz
Mühle Hunziken in Rubigen BE.
Initialen, Mühlradsymbole und
Jahreszahl über der Tür.

Seite 1
Kammradgetriebe der Ölmühle
von Böttstein AG.

Seite 2/3
Rückenschlächtiges gußeisernes
Wasserrad der Geigenmühle
Neerach ZH.

Seite 4/5
Weiteres Mühlradsymbol und
Ornamentschnitzereien der Mühle
Hunziken in Rubigen BE.

Christian Bachmann
Kazuyuki Kitamura

Wassermühlen der Schweiz

Mit einem Beitrag
von Othmar Birkner

Birkhäuser Verlag
Basel · Boston

CIP-Kurztitelaufnahme der Deutschen Bibliothek

Bachmann, Christian:
Wassermühlen der Schweiz / Christian Bachmann ;
Kazuyuki Kitamura. Mit e. Beitr. zur Geschichte d.
Mühlenbaus von Othmar Birkner. – Basel ; Boston :
Birkhäuser, 1987
ISBN 3-7643-1785-X
NE: Kitamura, Kazuyuki:

Buchgestaltung: Albert Gomm swb/asg, Basel
ISBN 3-7643-1785-X

Inhalt

Vorwort

Als ich anfangs 1986 den Auftrag bekam, ein Buch über die Wassermühlen der Schweiz zu verfassen, waren meinen Mitarbeitern und mir etwas über dreißig solche Objekte bekannt. Angeregte Diskussionen im Verlag zeigten dann schon bald, daß wir uns erst einmal die Frage stellen mußten: Was ist überhaupt eine Mühle?
Die Antwort scheint einfach zu sein: Mühlen sind Einrichtungen, um aus Getreide Mehl zu machen. Ein mit Wasser bewegtes Rad treibt direkt oder über ein mechanisches Getriebe einen oder mehrere Mühlsteine. Doch da kamen schon die ersten Schwierigkeiten: Es gibt Mühlen, die mit den traditionellen Mühlsteinen nicht Getreide, sondern Gips oder Schießpulver mahlen. Andere verarbeiten Getreide in Stampfmörsern. Die Hanfreiben verwenden ebenfalls das Prinzip der Mühlsteine. Dann gibt es die Ölmühlen, die eigentlich keine Mühlen sind, sondern Reiben und Stampfen. Oft waren sie kombiniert mit einer Knochenstampfe. Die Sägewerke sind manchmal mit einer Mühle, Ölmühle, Reibe oder Stampfe kombiniert. Aber mit dem Begriff ‹Sägemühle› ist in der Regel nicht diese Kombination gemeint, sondern der Umstand, daß die Einrichtung von einem Wasserrad, einem ‹Mühlrad›, angetrieben wird.
Der Begriff ‹Mühle› hat sich also im Laufe der Technikgeschichte von der Mahl-Einrichtung auch auf die Antriebsart übertragen. So ist es durchaus nicht ungewöhnlich, wenn ein Beamter für Elektrizitätswirtschaft von seinen ‹Mühlen› spricht und dabei die von ihm überwachten Elektrizitätswerke meint.
Ein weiterer Grund bewog uns, den Mühlenbegriff weit zu fassen: die Vielfalt an technischen Lösungsmöglichkeiten, an handwerklicher Ingenieurskunst gerade in den speziellen Anwendungsbereichen der Wasserkraftnutzung. Es wäre schade gewesen, diese dem Leser vorzuenthalten.
Im Laufe der Recherchierarbeiten erfuhren wir, daß es in der Schweiz weitaus mehr Mühlen gibt, als wir vorher ahnten. Oft liegen sie still, ihre Wasserräder rosten oder verrotten. Aber erstaunlich viele sind noch immer in Betrieb, auch wenn es sich für den Besitzer nicht mehr rentiert. Gerade in der Zeit, als viele kleine Kundenmüller die Existenzgrundlage verloren, weil der Bund die Subvention der bäuerlichen Selbstversorgung mit Brotgetreide abschaffte, wurden in unserem Land zahlreiche Wassermühlen und Sägewerke neu eingeweiht, säuberlich renoviert. Zeugen einer vergangenen Handwerkskultur wurden vor dem Verfall gerettet, zu Museen gemacht. Gerade diese Restaurationswelle ist jedoch ein untrügliches Zeichen, daß die Zeit der Wassermühlen unwiederbringlich vorbei ist.
Nur in Ausnahmefällen kommen sie noch ein letztes Mal zum Zug, zum Beispiel in Salouf GR, wo sich die Bergbauern wieder auf die alte Tradition des Getreideanbaus besinnen. Viele Bastler erzeugen ihren eigenen Strom mit Wasserrad. Die Elektrizitätswerke sehen diese umweltfreundliche Alternative allerdings nicht gern und nehmen den Überschuß-Strom nur in Ausnahmefällen und zu einem sehr schlechten Preis ab.

In der Schweiz gab es nach unseren Schätzungen Ende 1986 zwischen dreihundert und fünfhundert Wasserräder, etwas weniger als die Hälfte davon noch funktionstüchtig. Die meisten drehten sich allerdings nur zu Schauzwecken. An wirklich funktionierenden Einrichtungen waren vielleicht etwas über hundert vorhanden, wenn auch meistens stillgelegt. Dazu mag noch etwa ein Dutzend hinzukommen, bei denen die Renovationsarbeiten im Gange waren.

Auch sie sollen einmal als vorführbereite Museumsstücke dienen. Regelmäßig und zu Erwerbszwecken in Betrieb waren vielleicht noch höchstens fünfzig Wasserräder. Die Tendenz ist sinkend.
Angesichts der enormen Vielfalt und der großen Anzahl ist klar, daß dieses Buch keine Vollständigkeit anstrebt. Es soll dem Leser anhand ausgewählter Beispiele in Text und Bild zeigen, wie sich der Mensch in den verschiedenen Regionen unseres Landes früher das Element Wasser nutzbar gemacht und wieviel Phantasie, Erfindungsgeist und Geschick er dabei aufgebracht hat.
Kein Land eignet sich besser dafür als die Schweiz. Hier finden sich, oft nur durch wenige Kilometer getrennt, noch funktionierende Zeugen der Technik, wie sie schon Jahrhunderte vor Christus im griechisch-römischen Kulturkreis verbreitet war, neben modernsten Kraftwerken. Zwischen uralter und hochmoderner Technik schließt sich ein Kreis, der in diesem Buch durch den Beitrag von Othmar Birkner noch eingehend geschildert werden soll: Beide Techniken basieren auf dem Prinzip der Turbine.

Mir bleibt die angenehme Pflicht, all jenen zu danken, die durch Hinweise, Diskussionen und Anregungen zu diesem Buch beigetragen haben. Mein ganz besonderer Dank gilt (in alphabetischer Reihenfolge) folgenden Personen:
Franz Auf der Maur hat mir den Einstieg ins Thema vermittelt, einen großen Teil der Vorarbeiten geleistet und mir während der ganzen Entstehungszeit des Buches mit unzähligen Hinweisen geholfen. Maja Bachmann, meine Frau, war auf der Entdeckungsreise quer durch die ganze Schweiz eine unentbehrliche Assistentin und hat mich beim Schreiben durch wertvolle Anregungen, Toleranz und Verständnis unterstützt. Die Herren Walter Bärtschi, Münsingen, und Orlando Orlandini, Le Locle, waren durch Führungen und wertvolle historische Unterlagen behilflich.
Co-Autor Othmar Birkner hat nicht nur den technikgeschichtlichen Teil dieses Buches verfaßt, sondern auch viel interessantes Quellenmaterial entdeckt. Dr. med. Herbert Brütsch, Winterthur, Dominik Buntschu, Bösingen, Herrn Conrad vom Rhätischen Museum, Chur, Herrn Sigg vom Eidg. Amt für Wasserwirtschaft in Bern, Adolph Gähwiler, Schiers, Diego Giovanoli vom Amt für Denkmalpflege des Kantons Graubünden, Anne-Marie Häusler-Dubler, Bern, Brigitte Schildknecht, Lützelflüh, und Jakob Uetz, Münsingen, danke ich für wertvolle Hinweise auf einzelne Objekte, für Auskünfte, Diskussion und für Unterlagen. Joseph Felix, Emmenbrücke, hat seine umfangreiche Sammlung von Zeitungsausschnitten zur Verfügung gestellt. Ernst Garbellay, Müller in Reckingen, Eduard Keller, Oeler in Böttstein, Hans Müller, Wasserradbauer in Hasle, Jakob Nyffenegger, Säger in Gondiswil und Franz Stocker, Müller in Salouf, haben bereitwillig ihr Handwerk vorgeführt und erklärt. Dem Fotografenteam Kazuyuki Kitamura und Federica de Cesco-Kitamura danke ich für erfreuliche Zusammen- und wertvolle Entdeckungsarbeit. Ernst Pfister, Langenthal, hat durch den Versand eines Fragebogens an die ihm bekannten Adressen von Mühlenbesitzern wesentlich zur Vorarbeit an diesem Buch beigetragen.
Dem Birkhäuser Verlag, Basel, und seinen Mitarbeitern danke ich für die angenehme Zusammenarbeit.

Frauenfeld, im Frühjahr 1987

Christian Bachmann

Wasser, Rad und Stein

Teil 1

<
Schäumend zeigt das Wasser seine Kraft. Doch es leistet keine Arbeit mehr: Die Mühle von Moiry VD steht seit fast dreißig Jahren still.

Macht der Symbole

In der Mühle begegnen sich drei Ur-Symbole des Lebens, des Werdens und Vergehens: Wasser, Rad und Stein. Das Leben, so sagen uns die Biologen, ist im Wasser entstanden, und es endet in der Erde, die schließlich wieder zu Stein wird. Die Energie des fließenden Wassers kommt aus der Sonne. Das Rad setzt sie in hurtige Bewegung um: Kraft aus dem Feuer, die aus schwerem Korn luftig leichtes Mehl macht. So vereinigen sich in der Mühle die vier klassischen Elemente der Antike: Feuer, Erde, Luft und Wasser.

Das Wasser als Sinnbild des Lebens taucht in der Märchen- und Sagenwelt Europas immer wieder auf. So muß der Held vieler Märchen unter mancherlei Gefahren das Lebenswasser herbeischaffen, um die verwunschene Prinzessin zu retten. Als Symbol der ewigen Erneuerung ist der Jungbrunnen bekannt. Daneben gibt es auch Sagen von Zaubermühlen, in denen man sich wieder jung mahlen lassen konnte. Hier spielt nicht nur das Wasser, sondern ebenso das sich drehende Rad als Maß der vorbeistreichenden Zeit eine große Rolle. Wenn Wasser rückwärts fließt, wenn Mühlräder sich rückwärts drehen, dann sind die Naturgesetze aufgehoben. Dann gelten die Gesetze der Magie. Im Drama ‹Die Kronbraut› (1902) läßt Strindberg ein wassergetriebenes Mühlrad seine Drehrichtung ändern, um nahendes Unheil auszudrücken. In Deutschland versuchten junge Mädchen nach einem Liebesabenteuer den Lauf der Natur aufzuhalten, indem sie sich nachts zur Mühle schlichen und sich am Wasserrad zu schaffen machten. Es hieß, wenn es gelingt, das Rad vier volle Umdrehungen nach rückwärts zu drehen, dann werde es kein Kind geben. Umgekehrt legten junge Bräute, die sich künftigen Nachwuchs wünschten, so viele Weizenkörner unter den Mühlstuhl, als sie Kinder haben wollten.

Die klappernde Mühle am rauschenden Bach wurde zu einem Symbol der Romantik. Wie magisch schienen die Räder, die sich kraftvoll drehten, ohne Anfang, ohne Ende, unglücklich Verliebte anzuziehen. Auch ihre Gefühle waren mächtig im Fluß wie das Wasser und drehten sich gleichzeitig ausweglos im Kreise wie das Mühlrad oder die schweren Mühlsteine. Die schlichten Worte des alten Guggisbergerliedes können selbst uns moderne Menschen in ihren Bann schlagen. Wir mögen Mühlen oft nur noch vom Hörensagen kennen, aber die Gefühle, die das Lied besingt, kennen wir alle. Sie sind seit Urzeiten dieselben geblieben:

Dert unden i der Tiefi
Simelibärg . . .
Dert unden i der Tiefi
Da steit es Mülirad

Das mahlet nüt als Liebi
Simelibärg . . .
Das mahlet nüt als Liebi
Die Nacht und au de Tag

Das Mülirad isch broche
Simelibärg . . .
Das Mülirad isch broche
Mis Lied das het es Aend.

Das Mühlrad steht still, das Ringlein bricht, die Augen schließen sich . . . Das Kreissymbol, in der Mühle so kraftvoll verwirklicht – im Wasserrad, in den runden Mühlsteinen – ist seit alters ein Sinnbild des Lebens. Zumal in Gestalt des sich drehenden Rades steht es für den ewigen Kreislauf des Werdens und Vergehens, des ständigen Wandels bei unveränderlicher Form. Das Rad hat keinen Anfang und kein Ende, genau wie die ewige Wiederkehr der Tageszeiten, der

Jahreszeiten, der Jahre, der Generationen. In den Mythen vieler Völker spielt deshalb das Rad eine wichtige Rolle, wenn es darum geht, die Entstehung der Welt und der Dinge zu erklären.
Das altindische Volk der Juang erzählte sich folgende Geschichte, wie Sonne und Mond entstanden und wie das Feuer zum Menschen kam: Rusi (Stammvater der Juang) lebte in einem Ameisenhügel. Manchmal kam er heraus und trommelte auf einem Mühlstein. Zwölf Jahre vergingen, und dann schlug eines Tages, als Rusi wieder trommelte, Feuer aus dem Mühlstein. Alles begann zu brennen. Die Götter fürchteten sich sehr. Sie kamen zum Feuer und sprachen zu ihm: «Du bist der größte von uns. Du wirst als höchster Gott verehrt werden.» Das Feuer antwortete: «Gut, aber ihr müßt mir einen Platz besorgen, wo ich wohnen kann.» Die Götter sagten: «Wohne in Holz und Stein.» Seither lebt das Feuer im Holz und im Stein, wo man es herausschlagen kann. Der untere Mühlstein, auf dem Rusi trommelte, wurde die Sonne, die voll Feuer ist. Der obere Mühlstein wurde der Mond, der sein Feuer aus der Sonne holt.

Die seefahrenden Wikinger fragten sich, wie das viele Salz ins Meer kam, und erzählten sich darüber die folgende Saga: Der dänische König Frodi hatte zwei riesige magische Mühlsteine, mit denen er Gold, Zufriedenheit und Wohlstand mahlen ließ. Mit der Zeit wuchs seine Habgier ins Unermeßliche, so daß den Riesenjungfrauen, die die Mühlsteine drehen mußten, die Sache zu viel wurde. Sie änderten ihren Zauberspruch und mahlten nicht mehr Frieden und Wohlstand, sondern Verderben und Soldaten heraus.
Unter diesen war ein Wikinger mit Namen Mysinger. Der ermordete Frodi und nahm die Mühlsteine, die ‹Grotti›, mit auf sein Schiff. Er verlangte von den Riesenjungfrauen, daß sie Salz mahlten. Mysinger verkaufte das Salz überall, wo sein Schiff anlegte, und er wurde reich. Aber auch seine Habgier wurde zu groß. Eines Tages mahlten die Riesenjungfrauen so viel Salz, daß das Schiff überladen wurde und sank. Die Mühlsteine schlugen ein so tiefes Loch in den Seegrund, daß manchmal das Wasser in einem riesigen Strom hineinsinkt. So entstehen die Strudel, die ja auch Mahlströme genannt werden. Das Salz löste sich im Wasser auf, und deshalb ist das Meer salzig.

Der Kreis ist die perfekte geometrische Form. Er umschließt mit dem kleinstmöglichen Umfang die größtmögliche Fläche. Die Faszination des Kreises, der Scheibe und der Kugel war da, lange bevor wir Menschen wußten, daß auch die Erde rund ist. Die Sonne als Lebensspenderin, der Mond in seiner vollen Gestalt, auf geheimnisvolle Weise mit dem weiblichen Zyklus verbunden, sie sind ebenso rund wie das Auge, Spiegel der menschlichen Seele. Verhaltensforscher glauben, daß das runde Auge ein ‹Schlüsselreiz› ist, eine Form, die wir unabhängig von unserer Erfahrung als etwas besonderes betrachten. In den Märchen aus Tausend und einer Nacht kommt ein Hund vor, der hat Augen so groß wie Mühlräder.
Die magische Anziehungskraft des Kreises äußert sich nicht nur in der Verehrung von Sonne und Mond. Auch die Energie, die uns beseelt, hat eine Beziehung zum Kreis. Die Inder stellen sich die Energiezentren des Menschen, die ‹Chakras›, als Kreise vor. Das Sanskritwort *cakra* bedeutet im ursprünglichen Sinn Kreis oder Rad. In der Achse des Rades bündelt sich die gesamte Energie in einem Kraftzentrum. Hier wird die ewige, ruhelose Kreisbewegung zum ruhenden Pol, der sich nur noch um sich selbst dreht.
Der Buddhismus kennt ein ‹Rad des Gesetzes›. Es bildet die symbolische Grundlage für die Gebetsmühlen der tibetischen Mönche. Da in diesem speziellen Fall die symbolische Grundlage sich mit der technischen deckte, war der Weg frei für eine der bemerkenswertesten Erfindungen menschlicher Kultur: für die Rationalisierung religiöser Tätigkeit mit technischen Mitteln. Gebetsmühlen gab es übrigens auch im alten Babylon, in Ägypten im dritten Jahr-

hundert vor Christus und sogar in den Tempeln der alten Griechen. Im Tempel des Apollon in Delphi waren auch Orakelräder in Gebrauch.
Die Parallelen sind offensichtlich: Sowohl das Zerreiben von Getreidekörnern mit einem Handmörser oder mit einem von Hand im Kreis gedrehten Mühlstein als auch das Herunterleiern immer derselben Gebetsformeln ist außerordentlich ermüdend und zeitraubend. Was lag näher, als die beim Mahlen erprobte Technik auch beim Beten anzuwenden?
Die Grundidee der Gebetsmühle ist folgende: Wenn man Gebete auf Papierstücke oder Holztäfelchen schreibt, in eine hohle Trommel legt und diese dreht, dann braucht man die Gebete nicht ständig mit der Stimme zu wiederholen. Von der kleinen Hand-Gebetsmühle über die großen Zylinder mit ihren Schwungmassen, von vorbeigehenden Mönchen in den Lamaserien ständig in Bewegung gehalten, bis zu den automatischen, mit Wind- oder Wasserkraft betriebenen Modellen gibt es alle Übergänge und Spielarten. Nur eine einzige Grundregel wird dabei nie durchbrochen: Die Gebetsmühle muß sich immer in dieselbe Richtung drehen wie die Sonne.

Das Gewicht des Mühlsteins ist sprichwörtlich. Im Märchen wird er deshalb zu einem beliebten Hinrichtungsmittel für die Übeltäter: «Und man legte ihm einen Mühlstein um den Hals und versenkte ihn im Fluß . . .» Aber auch dieses Naturgesetz kann durch magische Kräfte aufgehoben werden. Schon in der Mühle gilt es nur noch bedingt, wie das bekannte Lied vom wandernden Müller erzählt: «Die Steine selbst, so schwer sie sind . . . sie wandern!»
Was die Technik im eng begrenzten Rahmen vollbringt, schafft der Glaube, sofern er vorhanden ist, absolut: Er versetzt nicht nur Berge, sondern läßt selbst Mühlsteine auf dem Wasser schwimmen. So weiß die solothurnische Legende von der heiligen Verena gar Schreckliches über die Anfechtungen zu berichten, die diese fromme Frau in der Einsamkeit der Verenaschlucht erdulden mußte. Der Teufel bedrängte die Einsiedlerin so stark, daß diese schließlich floh. Sie setzte sich auf einen Mühlstein und ließ sich damit die Aare hinuntertreiben. Vor soviel Glaubensstärke mußte der Böse kapitulieren und ließ die Heilige fortan in Ruhe.

Schönheit, Glück, Reichtum

Die schöne Müllerin ist eine Klischeefigur aus der Zeit lange vor Hollywood. Natürlich fehlte es nicht an spöttischen Sprüchen, wenn zum Beispiel eine Müllersfrau etwas lang geraten war: «Sie hat einen guten Wasserfall.» Aber auch in früheren Zeiten dürfte sich Schönheit gern zu Reichtum gesellt haben.
Nicht jeder Müller wurde reich. Es gab auch unter ihnen arme Schlucker. Aber die reichsten Leute im Dorf waren oft Müller. Manche Müller-Dynastien lassen sich über Jahrhunderte zurückverfolgen, zum Beispiel die Krapf von Amriswil TG von 1355 bis 1855 oder die Lütolf von Triengen LU von 1540 bis ins 19. Jahrhundert. Oft bestimmten sie als ‹Dorfkönige› die lokale Politik oder wurden Ratsherren und hohe Militärs.
Wer eine Mühle besitzt, hat sein Glück gemacht. Dieses Motiv taucht sogar im Brettspiel auf: Wem es gelingt, am meisten Steine zu dreien in eine Linie zu plazieren, das heißt ‹Mühlen› zu eröffnen, der hat in der Regel das Spiel gewonnen. Brettspiele mögen leicht zu gewinnen sein, aber den meisten Menschen lacht das Glück im Alltag nicht. Ein französisches Sprichwort drückt dies so aus: «Es hat nicht jeder seine eigene Mühle.»
Wo Reichtum ist, fehlen auch die Neider nicht. Zahlreich sind die Sprichworte von den unehrlichen Müllern:

«D' Müller (und d' Beck) stäled nid: me bringt nes.»
«S isch niemer frächer als em Müller sis Hämp: Das nimmt alli Morge en Dieb am Chrage.»
«Müller und Beck göh über d' Seck.»
«De Müller stilt nid. Jede seit zuenem: Nimm mis z'erscht!»

Manche behaupteten, den Müllern komme der Reichtum mit dem Wasser zugeschwommen. Daran ist sicher viel Wahres, und um Wasserrechte wurde oft heftig gestritten. Konnten sich zwei Konkurrenten nicht einigen, begannen sie, einander «das Wasser abzugraben».
Oft glaubten die Bauern zu wissen, woher der Reichtum der Müller kam, während sie selber Tag für Tag schufteten und es doch auf keinen grünen Zweig brachten: «Ein Müller hat zwei Scheffel. Den einen zum Ein- und den anderen zum Ausmessen.» Solche Maßfälschungen hat es sicher gegeben, aber wohl nicht ganz so häufig, wie der Volksmund glauben machen will. Außerdem: Wenn Müller Schelme waren, dann waren es auch die Tavernenwirte, die zu kleines Maß einschenkten oder den Wein panschten, die Bäcker, die zu kleine Laibe buken oder das Mehl streckten, die Krämer mit falschen Gewichtssteinen ...

Aus der Geschichte

Der Steinzeitmensch sammelte Wildgetreide, dessen Körner er kaute oder vorher mit Steinen zerstampfte. Etwa zehntausend Jahre vor unserer Zeitrechnung begann die größte kulturgeschichtliche Umwälzung der Menschheit: Die Entwicklung vom Jäger und Sammler zum seßhaften Ackerbauern. Die erste Getreidesorte, die angebaut wurde, war die Hirse. Sie stammt wahrscheinlich aus China oder Indien. So ist nicht erstaunlich, daß die meisten technischen Erfindungen in diesem Raum gemacht wurden.
Später kamen hinzu: Gerste (aus Turkestan), Hafer (lange als Unkraut betrachtet, sein Nährwert wurde erst spät erkannt), Roggen und Weizen. Der Weizen stammt vom Einkorn (Äthiopien) ab, heute kennt man über 30000 verschiedene Sorten. Daß der sogenannte Pharao-Weizen, der in den Mumiengräbern gefunden wurde, noch keimfähig gewesen sei, gehört übrigens ins Reich der Legende.
Reis ist als Kulturpflanze relativ jung: Jahrtausendelang hatten Chinesen wilden Reis gesammelt. Erst 2800 v. Chr. begannen sie ihn zu kultivieren. Der Kaiser von China soll höchstpersönlich das erste Büschel gepflanzt haben.
Der älteste Brotlaib der Schweiz wurde in den siebziger Jahren bei Twann am Bielersee ausgegraben: Es war ein über 5000 Jahre alter Halbpfünder aus ziemlich fein gemahlenem Weizenmehl. Die Mühlen waren damals Geräte, die in jeden Pfahlbauer-Haushalt gehörten: Flache, leicht schüsselförmig ausgemuldete Steine, in denen das Getreide mit einem rundlichen Reibstein zu Mehl zerrieben wurde. Das Mahlen galt als Frauenarbeit.
Die Wassermühle wurde im 6. Jahrhundert v. Chr. in China erfunden. Die alten Griechen arbeiteten 1000 v. Chr. mit runden, drehbaren Mühlsteinen, wie wir sie auch heute kennen. Sie wurden aber von Menschenkraft oder mit Tieren angetrieben. Erst zwei Jahrhunderte vor unserer Zeitrechnung tauchten die waagrechten Wasserturbinen, wie sie auch heute noch im Wallis, im Tessin und im Bündnerland als ‹Stockmühlen› verbreitet sind, in Griechenland auf. Wenig später hielt auch das senkrechte Rad Einzug. Diese Technik war etwas schwieriger zu beherrschen, weil ein Getriebe nötig war. (Mehr über die faszinierende Geschichte der Mühlentechnik von den Anfängen bis heute im folgenden Beitrag von Othmar Birkner.)
In der Schweiz gibt es seit etwa tausend Jahren nachweislich Wassermühlen. Aus dem achten Jahrhundert ist nämlich ein lateinischer Gesetzestext bekannt, die Lex Alamannorum. Dieses Gesetz regelt unter anderem die Wasserrechte und die Bedingungen, unter denen Mühlen errichtet werden durften.
Windmühlen wurden in Europa erst seit dem 12. Jahrhundert gebaut.

Schweizer Ortsnamen mit ‹Mühle›

Kollermühle (Gde. Zug)
Lustmühle AR
Molare TI
Moleno TI
Moléson FR
Molinis GR
Mühlachern (Gde. Außerberg VS)
Mühlacker (Gde. Balgach SG)
Mühlau AG
Mühlau (Gde. Lütisburg SG)
Mühlberg TG
Mühle (Gde. Beckenried NW)
Mühle (Gde. Degersheim SG)
Mühle (Gde. Fraubrunnen BE)
Mühle (Gde. Herisau AR)
Mühle (Gde. Matzensdorf SO)
Mühle (Gde. Mels SG)
Mühle (Gde. Uetikon ZH)
Mühlebach VS
Mühleberg BE
Mühledorf BE
Mühledorf SO
Mühlehorn GL
Mühlethal AG
Mühlethal FR
Mühlethurnen BE
Mühleweg (Gde. Schmidigen BE)
Mühlrüti SG
Mulegns GR
Mülenen BE
Müllheim TG
Mülligen AG
Rämismühle ZH
Trin-Mulin GR
Zürchersmühle AR
außerdem: Mehlsecken LU

Straßenschilder aus Tamins GR, St. Blaise NE und Genestrerio TI.

Nächste Seite:
Steinerner Zeuge aus der Mühlengeschichte des Wallis. Er gehörte einst zu einer Reibe in Ritzingen.

Zur Geschichte des Mühlenbaus

Teil 2

Entwicklung in Europa

Antike

Als das römische Reich zusammenbrach, standen sich auf den europäischen Schlachtfeldern zwei Feldherren gegenüber, die sich durch Kühnheit und Ehrgeiz ebenbürtig waren. Belisar diente dem Kaiser Justinian I., der Ostgote Witiges hatte sogar eigene Herrschergelüste, nachdem seine Herrin Amalasuntha in einem luxuriösen Bad erdrosselt worden war. Belisar eroberte im gleichen Jahr, nämlich 535 n. Chr. Sizilien, dann Neapel und Rom. Wo blieb Witiges Widerstand? Als schlauer Stratege wollte Witiges die volksreiche Stadt Rom dem Gegner zur Falle machen. Er umzingelte die Stadt und unterbrach die Wasserführung der kunstvollen Aquädukte. Belisar hatte in Rom zwar große Getreidespeicher, auch Trinkwasser ließ sich innerhalb der Stadtmauern durch alte Brunnen notdürftig organisieren, aber die Wasserleitungen betrieben auch Mühlen – diese standen nun still. Genau das hatte Witiges berechnet! Tier und Mensch konnten die Römer während der Belagerung nur ungenügend zum Betrieb der Mühlen einsetzen. In dieser Not hatte – so erzählt die Geschichte weiter, Belisar eine rettende Idee. Er befestigte unter der Tiberbrücke, zwischen den Pfeilern mit starken Tauen zwei Kähne. Dahinter folgten weitere Kahnpaare und zwischen den Kähnen ließ er Wasserräder montieren. Diese Schiffsmühlen (s. Abb. 1) sicherten der belagerten Stadt das tägliche Brot. Nach einem Jahr zogen die Heerscharen der Ostgoten unverrichteter Dinge ab.[1] Mit dieser Geschichte soll nicht nachgewiesen werden, daß Belisar die Schiffsmühle erfand, sondern vielmehr, wie wichtig schon in der Antike das Wasserrad zur Bereitung des Mehles war. Überall dort, wo Berechnungen ergaben, daß die Maschine besser rentierte als Menschen-und Tierkraft, nützte man den Wasserantrieb. Sagte doch schon der griechische Dichter Antipater von Thessalonica:
«Höret auf, euch zu bemühen, ihr Mädchen,
die ihr in den Mühlen arbeitet;
jetzt schlaft und lasset die Vögel der Morgenröte entgegensingen;
denn Ceres hat den Narjaden befohlen eure Arbeit zu verrichten;
diese gehorchen, werfen sich auf die Räder, treiben die Wellen und durch diese die schwere Mühle.»[2]

Ausgrabungen beweisen, wie geschickt die Römer in der Ausnutzung der Wasserkräfte waren. So fanden Archäologen bei Arles eine zehn Kilometer lange Druckwasserleitung mit 18 aufeinander folgenden Wasserrädern. Auf die typische Mühle, welche der römische Architekt Vitruv beschrieb, werden wir noch im Kapitel über das ‹Innere Werk› einer Mahlmühle zurückkommen.

Mittelalter

Im Mittelalter setzte eine technische Revolution ein. Die Wasserräder nahmen in ganz Europa zu. Sie verbreiteten sich innerhalb einiger Jahrzehnte vom Atlantik bis zum Balkan. Welche Faktoren führten zur rasant wachsenden Nutzung der Wasserkräfte? Die Antike hatte einen Überschuß an Arbeitskräften (Sklaven), aber bereits im siebten Jahrhundert waren die Arbeitskräfte rar. Eine wichtige Rolle spielten zudem die Mönchsorden, welche sich nicht nur zu Stätten der Kultur und Kunst, sondern auch zu Gewerbezentren entwikkelten. Die Historiker nahmen an, daß es zwischen dem zehnten und fünfzehnten Jahrhundert gelang, die rotierende Bewegung des Rades in eine lineare umzusetzen,

1
Römische Schiffsmühle

um neben Getreidemühlen, Schleifen, Bohrmaschinen usw. auch Sägemühlen, Hammerwerke, Blasebälge der Schmieden, Schmelzbetriebe usw. betreiben zu können.[3] So ist es nicht verwunderlich, daß die vielfältigen durch Wasserräder betriebenen Gewerbe die europäische Kulturlandschaft vom Mittelalter an prägten.

Neuzeit

Im 16. Jahrhundert gab es in Europa etwa 40 verschiedene Fertigungsprozesse, die mit Wasserkraft arbeiteten. Da sich diese Entwicklung fortsetzte, gab es im 18. Jahrhundert in Frankreich schätzungsweise 60000 Wassermühlen, in Europa annähernd 500000–600000. Vom 17. Jahrhundert an erschienen spezielle Bücher über Mühlenbau: Jac. Strota, Künstliche Abrisse von allerhand Maschinen, Cöln 1618; Aug. de Ramellis Schatzkammer mechanischer Künste, Leipzig 1620 (Übersetzung von: Le diverse et artificiose machine, 1588); Zeisinger, Theatrum Machinarum, Leipzig 1646; G. A. Böckler, Theatrum machinarum novum, Nürnberg 1662; L. Chr. Sturm, Mühlen-Bau-Kunst, Augsburg 1718. Während die Bücher des 17. Jahrhunderts den Leser mehr in Erstaunen versetzen wollten, was die Wunder oder mechanischen Künste alles vollbringen, wandte sich Sturm bereits an Konstrukteure. Dazu kamen im 17. und 18. Jahrhundert zahlreiche Werke über Gewässerbau, welche den Gewerben mit Wasserradantrieb besondere Aufmerksamkeit schenkten. Es sei hier nur das berühmte Werk von B. F. Bélidor, Architectura hydraulica, Augsburg 1741, genannt. (Übersetzung von: Architecture hydraulique, Paris 1737). Die abgebildete, künstlerisch reizvolle und typische Darstellung des 17. Jahrhunderts

von Böckler (s. Abb. 2) zeigt ein Sägewerk. Wir erkennen zwar die schon erwähnte Übersetzung der drehenden Bewegung in eine lineare Bewegung, aber darüber hinaus hat sie noch nicht die Qualitäten einer technischen Zeichnung.
Im 18. und 19. Jahrhundert trat an Stelle des Handwerkers mehr und mehr der Ingenieur. In diesem Sinne wurde auch die praxisbezogene Lehre durch Lehrbücher ergänzt, schließlich sogar weitgehend ersetzt. Der Lehrling hatte einst einen Meister, der Ingenieur ging in die Schule und benötigte die schnell anwachsende Fachliteratur. Die kleine Kundenmühle wich der Fabrik. Die Ausführung wurde aufgeteilt: Der Konstrukteur entwarf, die Bauleitung koordinierte die spezialisierten Firmen. Diese Umwälzung führte zu schmerzhaften sozialen Umschichtungen, welche oftmals nicht reibungslos verliefen. Andererseits war die zweite technische Revolution des 19. Jahrhunderts mit der beginnenden Massenproduktion bitter notwendig. Dies wird besonders in der Geschichte der Mahlmühle deutlich, wenn wir bedenken, daß sich die europäische Bevölkerung um 200 Millionen vermehrte. Dies ist mehr als der gesamte Zuwachs während der vorhergehenden tausend Jahre. Es ist klar, die Mehlbereitung für das tägliche Brot der explosiv wachsenden Großstädte mußte neu organisiert werden. Seltsamerweise kamen aber die entscheidenden Impulse nicht von Pariser oder Londoner Ingenieurfirmen, sondern von Schweizer Ingenieuren. Wir werden deshalb den Übergang von der Steinmühle zur Walzenmühle und vom Wasserrad zur Turbine in unserer Geschichte nicht ganz außer acht lassen.

Mühlen prägen das Stadtbild und die Landschaft der Schweiz

Besonders die Schweiz mit ihrem Wasserreichtum war einst eine ausgesprochene Mühlenlandschaft. Die Mühlen hatten im Leben der Stadt und auf dem Lande Schlüsselstellungen. In der engen Beziehung der Mühle zum Umfeld können drei Gattungen unterschieden werden: Mühlen im Stadtverband, Mühlen als Bestandteil der dörflichen Gemeinschaft und Mühlen außerhalb der Siedlungsverbände, als Element der Urbarmachung.

Mühlen im Stadtverband

Zahlreiche alte Stadtprospekte lassen erkennen, daß die Mühlen einst Herz und Kernstück des Stadtkörpers waren. Deutlich wird dies besonders bei Städten wie Genf oder Zürich, die am Ausfluß eines Sees gegründet wurden. Spätestens im Mittelalter waren die Ausflüsse der Rhone, Reuß und der Limmat mit Mauern und Türmen gesichert. Brücken mit Wehrbauten und Mühlen verbanden die befestigten Stadtteile.

Genf:
Bemerkenswert ist die Situation von Genf. Die Nutzung der Rhone-Wasserkraft wurde durch eine kleine Insel in der Mitte des Stromes erleichtert. Bereits im frühen Mittelalter bestand eine Brücke, an deren Lage und Bedeutung heute noch die Rue des Moulins erinnert. Im beginnenden 18. Jahr-

2
Sägemühle, Darstellung aus dem 17. Jahrhundert von G. A. Böckler.

hundert kam eine Pumpstation hinzu, welche die Brunnen der höher gelegenen Stadtteile speiste. Als Vorbild diente die «Machine von Marly» – eine komplizierte Wasseranlage, welche bei Versailles Trinkwasser förderte und Wasserspiele betrieb. Sie galt als Wunderwerk der Technik. Heute erinnert das unterhalb der Insel von 1883 an geplante und gebaute Turbinen-Wasserwerk an die zentrale Bedeutung einer bis ins Mittelalter zurückreichenden Wasserkraftnutzung.

Basel:
Auch die Stadt Basel entstand beidseitig einer im Mittelalter erstellten Brücke. Der reißende Rhein mit seinen häufigen Hochwassern war aber für die Erstellung von Mühlen mitten im Strom ungeeignet. Trotzdem entstand die Stadt nicht nur wegen dem leicht zu befestigenden Münsterhügel just an diesem Rheinknie. Genauso wichtig war die Einmündung dreier Flüsse in den Rhein: Birs, Birsig und Wiese. Im 12. und

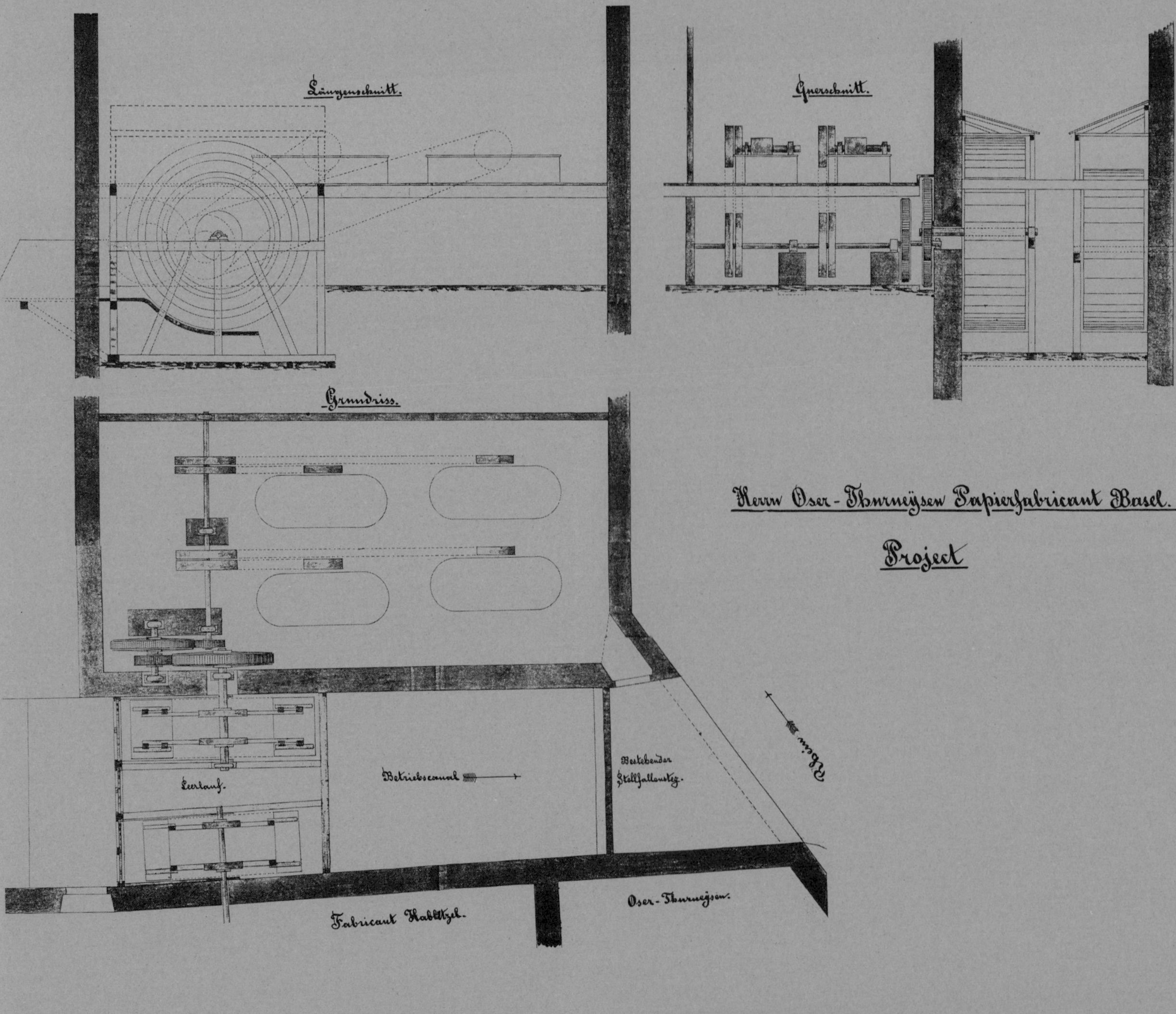

3
Baupläne von Ch. Giek und Carl Uehlinger für eine Papiermühle im St. Alban-Tal.

13. Jahrhundert wurden von diesen Flüssen Kanäle abgeleitet: St. Alban-Teich, Rümelinsbach und Kleinbasler Teiche. Sie bildeten «die Grundlage für die Kraftversorgung des Basler Gewerbes»[4]. Im Mittelalter waren es vor allem Korn-Mühlen, im 15. Jahrhundert kamen Hammerschmieden, Sägen, Öltrotten, Gewürzstampfen, Papierer usw. hinzu. Sie übernahmen die ganze Rohstoffaufbereitung und Veredelung der städtischen Zünfte. Im 18. Jahrhundert wuchs die Zahl der Betriebe außerhalb der Befestigungen. Im 19. Jahrhundert blieben sie trotz Dampfkraft oftmals dem alten Standort treu. Im St. Alban-Tal ist diese Entwicklung heute noch an den bestehenden Teichen ablesbar. Im 13. Jahrhundert betrieb das St. Albankloster 12 Mühlen. Die Mühlen erfuhren im Laufe der Jahrhunderte einen steten Ausbau, wobei die Papierfabrikation eine besondere Bedeutung gewann. Im 19. Jahrhundert begann man, die Wasserräder durch Turbinen zu ersetzen, es kamen außerdem Dampfmaschinen, Gasmotoren usw. hinzu. Mit bewundernswerter Kombinationsgabe verstanden die Meister die Kraft über verschiedene Transmissionen auf die Maschinen zu verteilen. Am hinteren Teich, wo vom 16. Jahrhundert an eine Papiermühle lief, wurde die historische Papierfabrikation 1980 wieder aufgenommen. Das Wasserrad, nach alten Vorbildern konstruiert, dreht sich wie einst. Mit 5 m Durchmesser leitet es die Kraft von 5 PS an die Stampfhämmer und ‹Holländer› (Eichenholztrog mit Messerwalze) weiter. Die Abbildung (s. Abb. 3) zeigt eine Papiermühle, wie sie im St. Alban-Tal 1878 für den Papierer Oser-Thurneysen erbaut wurde. Das mächtige Holzrad leitete die Kraft über Zahnräder auf eine Welle weiter. Diese Welle führte Transmissionen, deren Riemen die Triebräder der Holländer in Bewegung setzten.

Aarau:
Auch diese Stadt sei hervorgehoben, weil die Bedeutung der Wasserkraft für die wirtschaftliche Entwicklung der Stadt heute noch ablesbar ist. Besonders interessant ist hier der Umstand, daß Aarau zu den planmäßig gegründeten Städten gehört. Mit ihrer Anlage gehörte die Sorge um eine ausreichende Wasserzufuhr zum städtebaulichen Programm. Die im 13. Jahrhundert gegründete Stadt Aarau kanalisierte deshalb das Wasser etwa 5 km weit von der Suhr her. Dieser ‹Stadtbach› wurde über ein kleines Stadtgraben-Aquädukt in die Stadt geleitet. Hier verteilten sich drei Wasserläufe entlang der Rathaus-, Pelz- und Metzgergasse sowie der Färbergasse und dem Mühlegässli. An der gegen die Aare abfallenden Geländekante vereinigten sich die Wasserläufe wieder. Dort konnte die durch das Gefälle verstärkte Wasserkraft verschiedene Wasserräder betreiben. Noch heute wird die Nordseite der Altstadt von mächtigen klassizistischen Fabrikbauten geprägt, die sich über Jahrhunderte entwickelten und deren Baukörper teilweise direkt über dem Stadtbach liegen. Am Mühlegässli blieb ein in Stein gefaßter Kanal erhalten, der bei der ‹Mittleren Mühle› bis zur Jahrhundertwende ein großes Wasserrad betrieb. 1893 installierte man hier die erste ‹Lichtzentrale› Aaraus.

Mühlen als Bestandteil der dörflichen Gemeinschaft

Auf dem Lande spielten die Mühlen innerhalb der dörflichen Wirtschaftsgenossenschaft gleichfalls eine wichtige Rolle. In gut entwickelten Feldbaugebieten war in einem Dorf die Mühle neben der Kirche und dem Pfarrhaus der hervorstechendste Bau. Dies wird in topographischen Darstellungen, beispielsweise von Emanuel Büchel aus dem 18. Jahrhundert deutlich. Ein Dorf mit über 500 Einwohnern hatte in der Regel eine Kornmühle und oftmals kam noch eine Säge, Schmiede usw. hinzu. Dort wo günstig Kanäle angelegt werden konnten, verdichteten sich die Mühlenlandschaften. Ein eindrückliches Beispiel ist das Aatal bei Uster. Wie beim Ausfluß der Rhone oder der Reuß wirkte der Pfäffikersee als Ausgleichsbecken bei Hochwasser bzw. als Reservoir bei Trockenheiten. So siedelten sich entlang der Aa schon im Mittelalter fünf Mühlen an. Im 19. Jahrhundert wurden die Schleusen der kunstvoll kanalisierten Wasserläufe ausgebaut, und es entfaltete sich eine Industrielandschaft mit 14 Fabriken. Die teilweise noch erhaltenen alten Fabrikbauten mit Wehren, Weihern, Transmissionen usw. bilden nun einen ‹Lehrpfad› der Industriearchäologie.[5] Die Mühlenlandschaften waren zudem durch gut ausgebaute Straßen gekennzeichnet. Für die schweren Müllerkarren waren ordentlich unterhaltene Straßen notwendig. Der problemlose Warentransport war von öffentlichem Interesse, und die Dorfbewohner sahen diesen Straßenbau als Gemeinwerk an. Die Bevorzugung der Mühlenstraße konnte sogar bestehen bleiben, wenn die Mühle selbst gar nicht mehr bestand. In einer Beschreibung der Mühlen im alten Staat Luzern lesen wir: Im 18. Jahrhundert war der Zusammenhang mit der abgegangenen Mühle nicht mehr bekannt (bei Bauwil, Amt Willisau), doch wußte man immer noch, daß der Weg Rechtens war, und erklärte dies damit, daß er «auch ein Lychweg (Leichenweg) sei.»[6]

Mühlen außerhalb der Siedlungsverbände

Zahlreiche Mühlen entstanden abseits einer Siedlung. Sie nutzten die Wasserkraft einer unwirtlichen Schlucht oder den Wasserspeicher eines entlegenen Moores. Sie waren oft Vorboten der Urbarmachung. Während in den schnell wachsenden Städten und Siedlungsagglomerationen alte Gewerbebetriebe in der Regel verschwanden, blieben die einsamen Mühlen noch am ehesten erhalten. Deshalb neigen wir heute beim Anblick einer Mühle zu falschen und romantischen Vorstellungen. Die harte und reale Arbeitswelt der Wassermühlen bereitete Schritt für Schritt, mit zähem Fleiß und Erfindungsgeist die Industrialisierung vor. Eine Sonderstellung nahmen die schon erwähnten Schiffsmühlen ein. Sie füllten jene Gegend der Kulturlandschaft auf, wo eine Ebene nur von einem breiten Strom mit stark wechselndem Wasserstand durchflossen wird. Wo außerdem das geringe Gefälle die Abzweigung von Kanälen mit Schleusen erschwerte. Die eigentliche Heimat der Schiffsmühlen war deshalb die Donau. Besonders von Wien stromabwärts reihte sich in der Nähe der Ortschaften Schiffsmühle an Schiffsmühle. Auch unterhalb von Basel gab es Schiffsmühlen. In Straßburg sind sie schon 840 n. Chr. nachgewiesen. In der Schweiz konzentrierten sich die Schiffsmühlen im Unterlauf der Aare: Aarenstein 1606, Brugg 1675, Stilli 1762, Beznau 1509, 1653, Gippingen 1651, 1715.[7]

Der Betrieb der Getreidemühle

Wir unterscheiden bei der Getreidemühle das «Innere Werk› und das ‹Äußere Werk›. Das Innere Werk besteht aus dem Transmissionsmechanismus bzw. Kraft und Bewegungsträger und der eigentlichen Werkzeugs- bzw. Arbeitsmaschine. Die Kraftbzw. Bewegungsträger setzen sich aus Wellen und Zahnrädern zusammen, welche die Kraft vom Wasserrad weiterleiten. Die Arbeitsmaschine besteht aus den Mahlsteinen und den damit direkt verbundenen Mechanismen. Zum Äußeren Werk gehört das Wasserrad und die zur richtigen Wasserführung notwendigen Vorrichtungen. Da bis ins 19. Jahrhundert, von den in der Schweiz nicht üblichen Windmühlen abgesehen, die Kraft für alle Gewerbearten fast ausschließlich von Wasserrädern erzeugt wurde, können wir innerhalb unseres Themas nur die Arbeitsmaschinen der Getreidemühlen näher betrachten. Schließlich wird die Entwicklung nur so weit verfolgt, als der Standort des Inneren Werkes direkt mit dem Äußeren Werk verbunden war. Das heißt also, bevor die elektrische Kraft eingeführt wurde und sich die Arbeitsmaschine vom Wasserrad oder der Turbine x-beliebig entfernen konnte und ihren Standort nach neuen Kriterien wählte – Lage der Eisenbahnlinie, Wohnort vieler Arbeitnehmer usw.

Inneres Werk vor der Mechanisierung

Von einer Arbeitsmaschine der Getreidemühle kann historisch von dem Moment an gesprochen werden, wo die mit der Hand geführte Reibmühle sich in eine Drehmühle verwandelt hatte. Die primitive Reibmühle der Urvölker bestand aus einem flachen, leicht ausgemuldeten Unterstein und dem Reibstein. Es gibt ägyptische Darstellungen, auf denen kniende Sklavinnen abgebildet sind, welche auf dem Reibstein das Korn zerkleinern. Wann wurde die für die Menschheitsgeschichte so wichtige Drehmühle erfunden? Es war ein ‹technischer Sprung›, der nicht in erster Linie an der runden Form der Mahlsteine zu erkennen ist, sondern am fixierten Punkt, um den sich

4
Darstellung einer römischen Mühle, Vitruv-Ausgabe Como 1521.

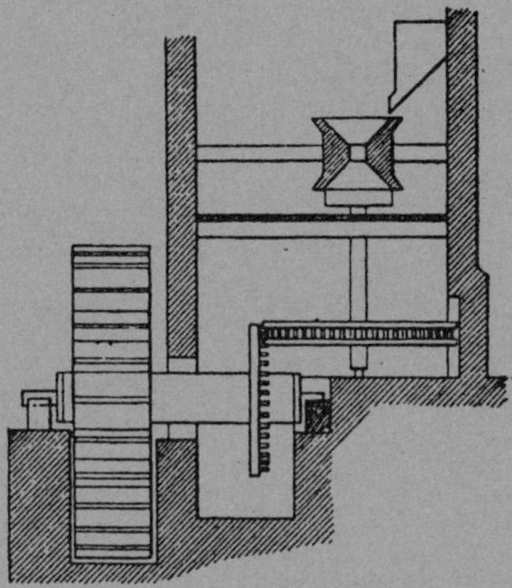

5
Mittelalterliche Mühle, Darstellung der Abtissin Herrad von Landsperg, 1159.

die Steine drehen. In diesem Zusammenhang verweisen Historiker auf die Töpferscheibe. Sie wurde Jahrtausende vor Chr. im Orient erfunden. Sie mag zur Erfindung der Drehmühle beigetragen haben. Es fällt auf, daß überall dort wo die Töpferscheibe unbekannt war, auch die Drehmühle fehlte.[8] Der römische Architekt und Ingenieur Vitruv schrieb 33–22 v. Chr. seine ‹Zehn Bücher über Architektur›. Es ist der einzig erhaltene antike Text über Architektur und Technik. Im 10. Buch wurde auch die Getreidemühle mit Wasserantrieb behandelt. Freilich sei noch erwähnt, daß Vitruvs Werk seit dem endenden 9. Jahrhundert in Klosterbibliotheken wiederholt abgeschrieben wurde. Erst die Kommentatoren der Renaissance begannen den Text Vitruvs zu illustrieren. Dabei verfuhren sie mit der Interpretation recht frei. Dies lag im Falle der Wassermühle auch an dem Umstand, daß Vitruv gewisse Details – Form der Mahlsteine, Zahnräder und Beaufschlagung des Wasserrades gar nicht beschrieb. Die illustrierte Vitruv-Ausgabe Como 1521 zeigt deshalb Elemente, die der Beschreibung Vitruvs folgen, als auch Details, welche der damaligen Mühlentechnik entsprachen. Der Holzschnitt (s. Abb. 4) zeigt ein großes unterschlächtiges Wasserrad (A), mit den Schaufeln (B) und auch Eimern (C). Eine Kombination von Schaufelantrieb und Wasserhebung ist bei Vitruv nicht genannt. Auf der langen Wasserradwelle (D) ist ein Kammrad (E) montiert. Dieses Kammrad greift in den kleinen Drilling oder in das Stockgetriebe (F) der senkrechten Spindel, welche mit dem Läuferstein (H) des Mahlwerkes verbunden ist. (Kammrad und Drilling waren die hölzernen Vorläufer der Zahnräder). Dieses System hat eine gewisse Ähnlichkeit mit einer Darstellung aus dem 12. Jahrhundert (s. Abb. 5). Auch hier erkennen wir das große unterschlächtige Wasserrad, das Kammrad und halb verdeckt noch den Drilling, der den Läuferstein unter dem Schüttkasten bewegt. Eine Rekonstruktion aus der Jahrhundertwende (s. Abb. 6) zeigt eine Version, die sich in drei Punkten von den Mühlen mittelalterlicher Tradition unterscheidet:

1. Die antiken Wasserräder waren kleiner als die Räder der mittelalterlichen Mühlen und liefen deshalb schneller.
2. Das Kammrad der Wasserwelle übertrug die Kraft auf ein Stockgetriebe, dessen Raddurchmesser größer war als jenes des Kammrades. Dadurch wurde die schnelle Drehung der Wasserradwelle verlangsamt auf die Spindel mit dem Läuferstein des Mahlwerkes weitergegeben.
3. Die Mahlsteine waren nicht flach, sondern kegelförmig, ähnlich wie sie von Archäologen in Ostia und Pompeij ausgegraben wurden. Stellen wir nun diese Darstellungen der Renaissance und des Mittelalters sowie die eben beschriebene Rekonstruktion der Wassermühle von Vitruv einem bis ins 19. Jahrhundert gebräuchlichen Prototyp gegenüber (s. Abb. 7). Es handelt sich wieder um das Innere Werk einer Getreidemühle mit unterschlächtigem Wasserrad, welches Christoph Bernoulli in seinem ‹Handbuch der Technologie› 1840 darstellte.

6
Rekonstruktion einer römischen Mühle nach Angaben Vitruvs von Th. Beck.

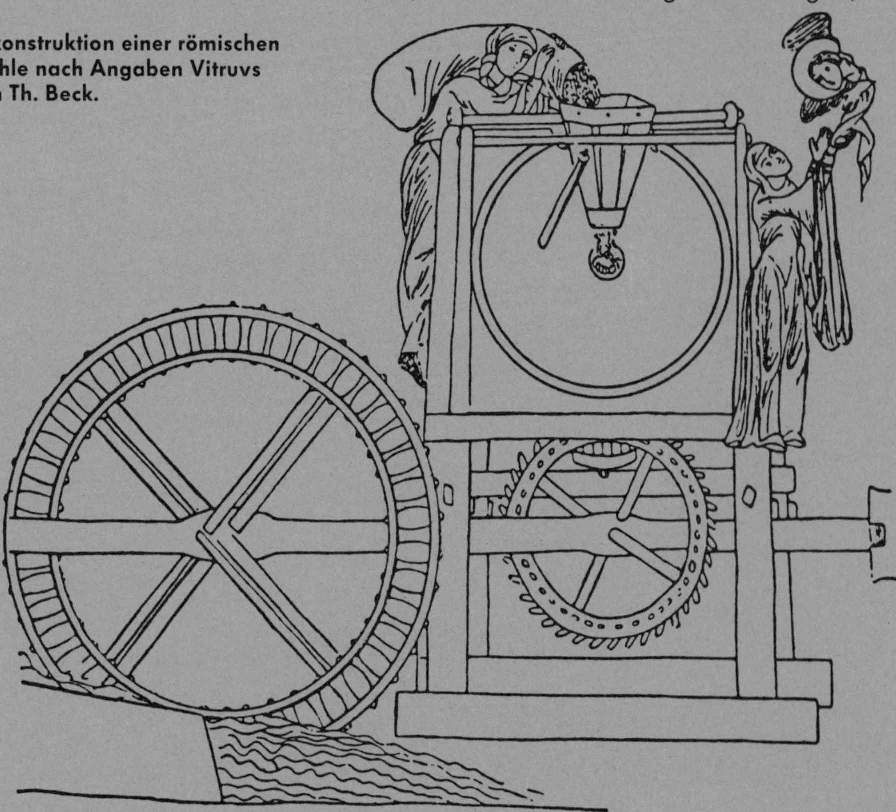

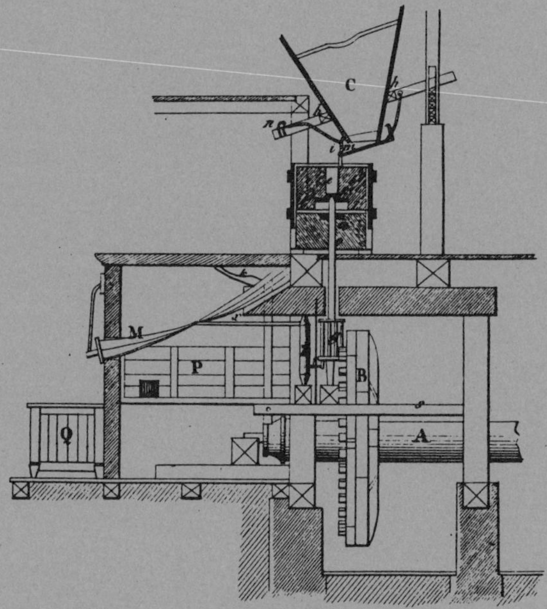

7
Mühlenkonstruktion aus der 1. Hälfte des 19. Jahrhunderts

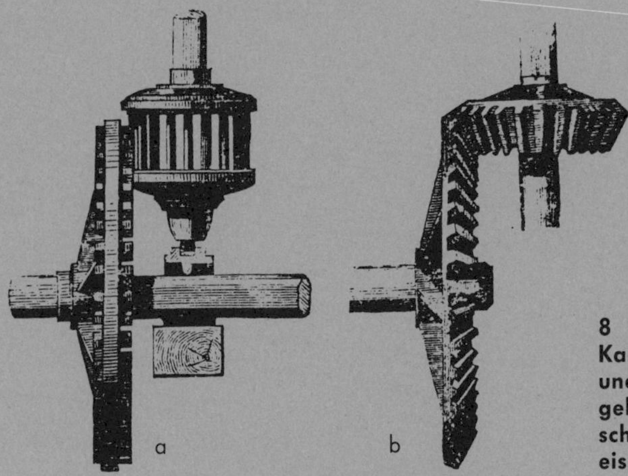

8
Kammrad und Drilling aus Holz und der vom 19. Jahrhundert an gebräuchliche Ersatz durch konische Winkelradzähne aus Gußeisen.

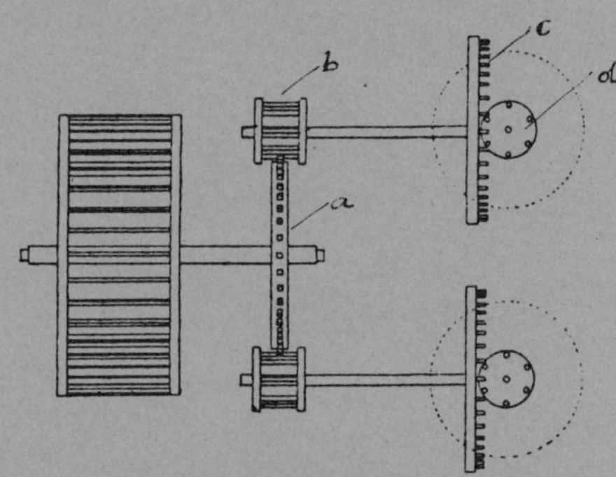

9
Wasserrad mit zwei angeschlossenen Mahlgängen

An der Wasserradwelle (A) ist das Kammrad (B) montiert. Es leitet die Bewegung auf den Drilling (Stockgetriebe) (g) der Mühlenspindel mit dem Läuferstein. Der Läuferstein dreht sich über den befestigten Bodenstein. Das Getreide wird in den Trichter (Rumpf) (C) geschüttet. Er öffnet sich in den Schuh (m), der mit Hilfe einer Haspel (n) die in das Mahlwerk abfließende Getreidemenge regelt. Das gemahlene Gut fällt schließlich in den Beutel (M). Eine eigene kleine Spindel (Z) mit einer Gabel (x) bewegt den Beutel ständig hin und her. Diese Bewegung führt zu einer Sortierung des feingemahlenen Mehles, welches in den Mehlkasten (P) fällt, von den groben Teilen, die in den Schrotkasten (Q) gelangen. Wenn wir nun von der Form der Mahlsteine und Größenverhältnissen von Kammrad und Drilling absehen – die ja Vitruv gar nicht detailliert beschrieb, können wir erstaunt feststellen, daß sich die Wasserrad-Getreidemühle von der Antike bis ins 19. Jahrhundert kaum veränderte. Dies gilt sogar für die angewendeten Materialien. Erst um und nach 1800 werden bei großen Mühlen Zahnräder aus Gußeisen eingebaut. Die beiden Details (s. Abb. 8) zeigen diese Veränderung vom Holz- ins Gußeisenzeitalter.
Skizze a zeigt Kammrad und stehenden Drilling, Skizze b zeigt den Ersatz durch konische Winkelzahnräder. Der verläßliche und gleichmäßige Lauf dieser Räder war für die Mechanik der Mühle entscheidend. Es wurden ja in diesem Punkt nicht nur die Kräfte in eine andere Richtung gelenkt, sondern auch die Umlaufgeschwindigkeit wurde verändert. Wir müssen uns an den Lehrsatz erinnern: Die Umlaufzahl der Räder steht im umgekehrten Verhältnis zu deren Größe. Bei den klassischen Mühlen konnte also die langsame Bewegung des großen Wasserrades mit Hilfe des Drillings beschleunigt werden. Ein einfaches Rechenbeispiel aus dem 19. Jahrhundert zeigt, wie der Müller die Umlaufzahl seiner Läufersteine bestimmen konnte. Wir erkennen auf der Skizze eines Berechnungsbeispiels um 1845 (s. Abb. 9) das große unterschlächtige Wasserrad mit einem Stirnrad. Das Stirnrad bewegte zwei Mahlgänge. Jeder Mahlgang hatte einen Stecken mit liegendem Drilling und Kammrad sowie stehendem Drilling mit der Läufersteinspindel. Es wurde nun angenommen, daß das Stirnrad (a) 60 Zähne hat, die Drillinge der Steckenspindel (b) je 36 Stecken, die Kammräder (c) je 60 Kämme und das Getriebe (Drilling) (d) der Läufersteine je 8 Stecken. Das Wasserrad machte 12,5 Umdrehungen in der Minute. Das macht (60 : 36) × (60 : 8) × 12,5 = 156,5 Umdrehungen des Läufersteins in der Minute.

10 >
Mühlenspindel mit Balancierhaube

11 >>
Geschärfter bzw. mit Rillen behauener Läuferstein

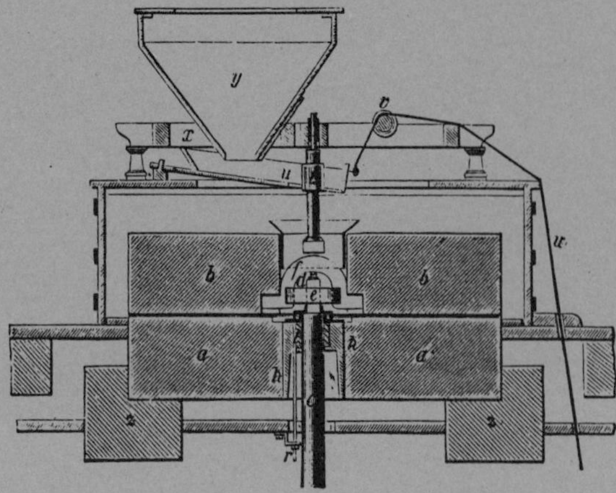

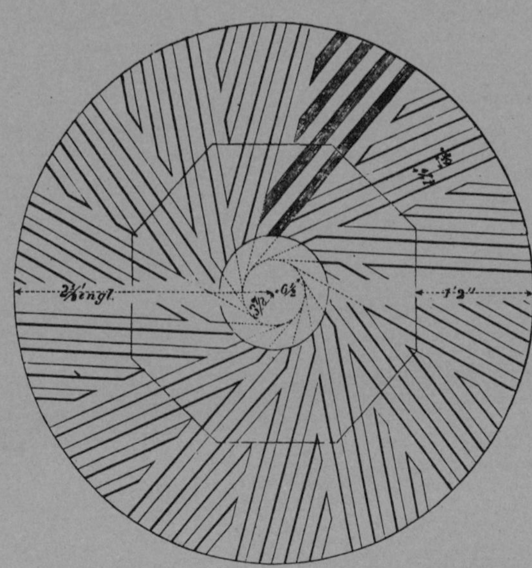

Es ist nun leicht zu erkennen, daß bei verschiedenen Kamm- und Steckenzahlen die Läufersteine verschieden schnell liefen. Ein Müller konnte mit einem Wasserrad zwei unterschiedlich schnell laufende Mahlgänge einbauen. Der Übergang vom hölzernen auf eiserne Räder vollzog sich zögernd. Schwahn bemerkte 1847 dazu in seiner Mühlenkunde: «Das hölzerne Radwerk wird unter gewissen Verhältnissen immer in Gebrauch bleiben, weil eiserne Räder oft nur in großer Entfernung und deshalb gegen unverhältnismäßig hohe Kosten zu beschaffen ...» sind.[9] Außerdem bedrohte der Verzicht auf Holz einen alten, ganz speziellen Berufszweig: den ‹Mühlenarzt›. Er war um das ganze laufende Geschirr der Mühle besorgt – vom Wasserrad bis zum Triebstock. Vieles reparierte der Müller auch selbst, bei eisernen Elementen war er jedoch mehr von den liefernden Konstruktionswerkstätten abhängig. Die Haltbarkeit eines richtig gewählten und verarbeiteten Holzes darf nicht unterschätzt werden. Die Radwelle war aus Eichenholz, die Einkränzung des Wasserrades aus Eichenkrümmlingen, die Schaufeln aus Rotbuchenholz, die Kämme und Stecken aus Weißbuchenholz.[10] Eine besondere Kunst des Mühlenarztes lag in der Formung der Kämme, damit sie sich möglichst wenig abnutzten. Unverändert blieb bis ins 19. Jahrhundert auch die Form und das Material der Arbeitsmaschine. Ausgrabungen wiesen römische kegelförmige als auch flache Mühlsteine nach. Die Darstellung einer englischen Mahlmühle um 1850 zeigt nur eine Verfeinerung der Mühlenspindelkonstruktion (s. Abb. 10). Diese Mühlenspindel (c) trägt den Läuferstein (b) mit einem Treiber (e) und einer Haue (f). Treiber und Haue verbesserten die horizontale Lage des Läufersteins. Er wurde also besser ausbalanciert. Man sprach deshalb auch von einer Mühlenspindel mit Balancierhaube.

Größte Aufmerksamkeit schenkte man der Qualität der Mühlsteine. Von der Beschaffenheit der Steine hing die Mahlgüte ab. Schon die Römer wußten, daß sich nur wenige Steinsorten zu guten Mahlsteinen verarbeiten lassen. Diese Steine müssen eine große Härte besitzen, sich zugleich durch ein poröses Gefüge auszeichnen und trotzdem leicht bearbeiten (schärfen) lassen. Diese Vorzüge finden wir nur bei einigen Sandstein-, Quarz-, Porphyr-, Basalt-, und Lavaarten. In der Schweiz schätzten die Müller den Melserstein SG und den Geißberger oder Waldshuterstein SO. Letzterer wurde schon im 14. Jahrhundert in verschiedene Landesteile, beispielsweise nach Luzern geliefert. Weltweit berühmt waren die französischen Steine. Dies galt vor allem von Steinen der Marne-Landschaft bei Paris. Sie wurden auch für Mühlen in England verwendet. Nach einem Bericht von 1835 lagerte dieser Mühlensteinquarz unter einer Lehmschicht. Der Steinmetz klopfte das freigelegte Steinlager mit einem Hammer ab, um dessen ‹Gesundheit› zu prüfen. Dann zog er einen Kreis in der Größe des künftigen Mühlensteines. Nachdem der Steinzylinder aus der meist mäßig starken Steinbank herausgeschnitten war, wurde er mit Holz und Eisenkeilen in Trommeln zerlegt. Das war die eigentliche Kunst des Steinmetzmeisters. Die Keile mußten ringsum gleichmäßig vorangetrieben werden – energisch und doch äußerst gefühlvoll. Ein einziger falscher Schlag konnte den ganzen wertvollen Zylinder verderben. Mit steigender Nachfrage setzte man mehr und mehr auch Mühlensteine aus Stücken zusammen. Sie waren bald beliebter als jene aus einem Stück. Dabei wurde das ‹Herz› mit dem Loch in der Mitte nie aus mehreren Teilen zusammengefügt. Dieses Mittelstück konnte aus ‹ordinärem› Material sein. Die ringsum angesetzten Teile waren aus ‹edlem› Stein. Zusammengesetzte Steine garantierten eher eine fehlerlose gleichmäßige Struktur. Bei Monolithen ließen sich Körnungsunterschiede und kalkige Einschlüsse kaum vermeiden. Außerdem war der Transport von Mahlsteinteilen einfacher und billiger. Sie wurden im jeweiligen Bestimmungsland von speziellen Mühlsteinfabrikanten mit Gips vereinigt und einem eisernen Reifen umgeben. Zuletzt wurden die Mahlflächen der Steine ‹geschärft›, damit die Körner während des Mahlvorganges nicht zerrissen werden. Auch das Schärfen – Einschlagen der Rillen – war eine spezielle Wissenschaft. Ein Bericht der Wiener Weltausstellung 1873 meldete: «Die belgischen, österreichischen und deutschen Mühlstein-Fabrikanten wetteiferten, gut gearbeitete Mühlsteine aus sorglich ausgewählten La-Feté-Steinen (Marne-Gebiet) auszustellen.»[11] Ein gleichmäßiger Stein aus bester Quarzqualität, regelmäßig und gekonnt nachgeschärft, konnte bei einer täglichen Arbeitszeit von 15 Stunden, etwa 35 Jahre lang dienen (s. Abb. 11).

Die Mechanisierung des Inneren Werkes

Christoph Bernoulli stellte noch einen stets hin und her bewegten Mehlbeutel dar (siehe Abb. 7). Das Mehlgut fiel in diesen Beutel und wurde durch die Bewegung in feines Mehl und Schrot sortiert. Diese Einrichtung können wir bei Arbeitsmaschinen des Mittelalters und der Renaissance noch nicht beobachten. Sie ist der erste Schritt zu einer Mechanisierung der Arbeitsabläufe, welche im 17. Jahrhundert erfunden wurde. Vorher mußte händisch gesiebt werden. Diese mühevolle und zeitraubende Tätigkeit machte das weiße Mehl zur Luxusware. Es war so selten, daß manche Historiker behaupten, das Brot wäre bis ins 17. Jahrhundert nur aus schwarzem Mehl hergestellt worden. Der große Schritt zur Mechanisierung des ganzen Inneren Werkes vollzog sich im 19. Jahrhundert. Berühmt wurde die um 1830 vom Mühlenbauer Thomas Ellikott erbaute Mühle am Okkoquam-Fluß in Nord-Amerika (s. Abb. 13). In dieser Mühle waren alle Arbeitsgänge mechanisiert. Ohne hier den komplizierten Vorgang im Detail erklären zu können, seien nur einige wichtige Punkte des dargestellten Schnittes genannt: (Z): Schiff mit Anlieferung des Getreides; (c), (f), usw.: Kübelaufzüge; (g)–(g) (unter dem Dach): rotierendes Zylindersieb zur Grobreinigung des Getreides; (j)–(j): Feinreinigungsmaschine; (k): Conveyer mit Schraubmechanismus zur horizontalen Beförderung des gereinigten Getreides; (l), (l1): Sammelkammern; (l2): Trichter; (m): Mahlwerk mit Mehlbeuteln; (o)–(o): Aufzug; (t1): Mehlsammelkammern mit den Fässern zum Abtransport. Zu beachten ist, daß dieser voll mechanische Betrieb nicht durch eine Dampfmaschine, sondern durch drei Wasserräder in Bewegung gesetzt wurde! Die Mühlsteine kamen von dem bereits gerühmten Steinbruch La Feté-sous-Jouarre bei Paris. In England begannen zur gleichen Zeit die ersten Dampfmühlen zu arbeiten. Von der ersten Mühle mit Dampfmaschine in Deutschland berichtete 1837 ein Schweizer Journalist geradezu euphorisch: «Gegen die Rheinschanze und über

12
Getreidemühle, Darstellung aus dem 17. Jahrhundert von G. A. Böckler. Man beachte den bereits montierten Mehlbeutel H mit Spindel und Gabel.

die Rheinbrücke von Mannheim gefahren, sah ich mit Vergnügen den ersten rauchenden Dampfkamin auf deutschem Boden. Ich frug sogleich den Postillon, wem er gehöre und zu was er diene. ‹Je›, sagte er, ‹ein Holländer hat damit eine Mahlmühle gebaut, und darüber gibt es einen gewaltigen Lärm in Mannheim, sicher wird ihm noch alles ruiniert.›» Weiter hob unser Journalist hervor, daß sich der Mahlpreis in dieser Fabrik um 50% senkte. Und der Steinkohlenrauch? Darüber lachte er «... besonders wenn man eben von England kam und überall Tausende von solchen Dampfkaminen sah, ohne daß eine Seele Klage führt, vielmehr die Leute dort schöner und gesünder aussehen als in andern Ländern.»[12] Aber schon 1840 führte das Elend der englischen Fabriksdistrikte zur Untersuchung über Kinderarbeit. Als das Ergebnis dem Parlament vorlag, stellte N. W. Seniors fest: «das furchtbarste Gemälde ...», und in den Zeitungen erschien das Gedicht von Edward P. Mead:

«Die Höll'n auf Erd! Sie verbreiten Tod,
Seit Dampf herrscht, rings im Reich,
Denn der Menschen Leib und Seele wird,
Gemordet drin zugleich.»[13]

Viele Bauern mieden aber nicht aus sozialer Empörung die mechanischen Mühlenfabriken. Eine schweizerische Zeitung hatte 1836 eine andere interessante Erklärung. Viele Bauern fuhren weiterhin zur teuren kleinen ‹Kundenmühle›, weil sie das Mehl nur von ‹ihrer Getreidefrucht› wünschten. Der Dorfbäcker als auch der Kunde wußte, von welcher Mühle, welchem Bauern und welchem Feld das Mehl kam. Sie unterschieden sogar die verschiedenen Jahrgänge des Getreides![14] Große, mechanisch arbeitende Mühlen konnten natürlich nicht das Mehlquantum jedes einzelnen Landwirtes sortieren und extra mahlen. Bernoulli berichtete, daß damals in Paris bereits täglich etwa 3000 Sack, in London 3500 Sack Mehl zu Brot verbacken wurden. Der städtische Verbraucher kannte die Herkunft des Brotes nicht mehr.

13
Mechanisierte Mühle, erbaut um 1830 am Okkaquam-Fluß in Nord-Amerika

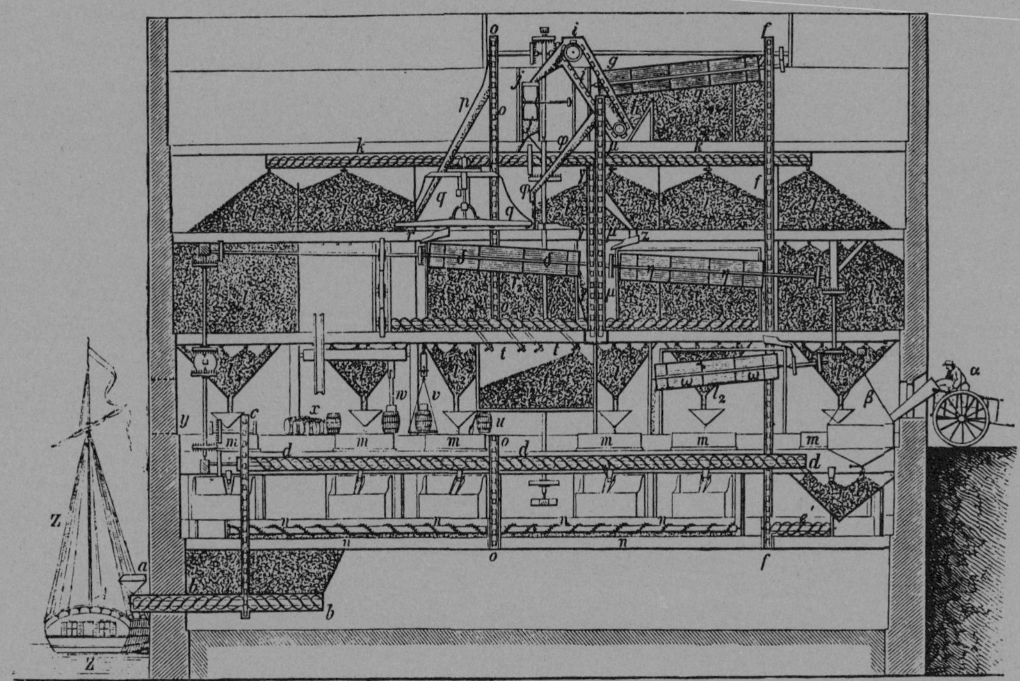

Die Walzenmühle

Der sprunghaft ansteigende Brotbedarf in Großstadtagglomerationen ließ eine wirtschaftliche Mahltechnik immer notwendiger erscheinen. Die Wiener Mühlenstein-Fabrik Gebr. Israel erzeugte um 1870 jährlich alleine vom importierten La-Feté-Stein über 1000 Mühlsteine. Die völlige Ausbeutung der wenigen geeigneten Steinbrüche war abzusehen – obwohl man nun auch kleine Bruchstücke in ein Zementbett legte. Nur die Reibfläche war also mit Quarzstein belegt. Da tauchte im richtigen Moment ein neues Mahlverfahren auf, welches dem alten Mühlenhandwerk ein Ende setzte. Es war der Walzenstuhl, bei dem an Stelle der Mühlsteine Walzen aus Hartguß oder speziellem Porzellan traten. Wer war der Erfinder dieser epochalen Neuerung? Die Idee der Walzenmühle trat erstmals im 16. Jahrhundert auf. Den Entwurf einer kleinen Hand-Walzenmühle finden wir im

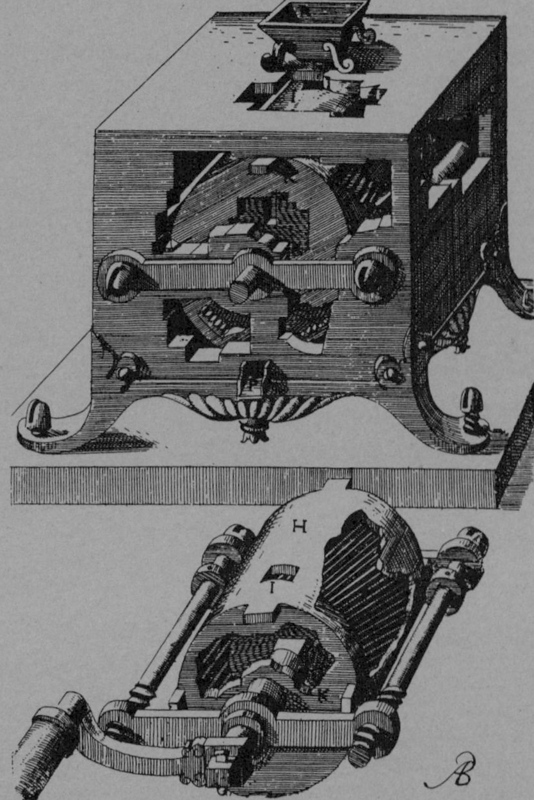

14
Hand-Walzenmühle aus dem endenden 16. Jahrhundert.

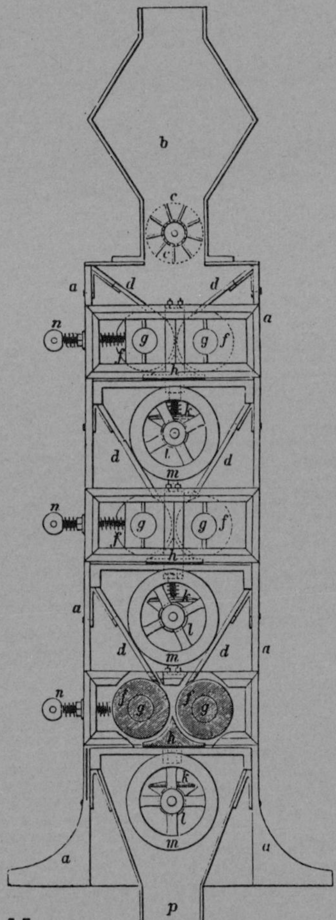

15
Schnitt durch eine Walzenstuhl-Mühle von J. Sulzberger 1834

Werk von Ramelli (s. Abb. 14). Es erschien, wie schon erwähnt, im endenden 16. Jahrhundert. Dieses Buch enthielt aber so viele Kuriositäten, daß man dieses Patent wohl nie richtig ernst nahm. Aber zu Beginn des 19. Jahrhunderts tauchten plötzlich einige Erfinder sogenannter Walzenstuhl-Mühlen auf: Helfenberger in Rorschach 1821, Bollinger in Wien 1822 (wohl von der Schweiz kommend), Collier in Paris 1823. Eine Schweizer Zeitschrift würdigte 1833 M. A. v. Müller aus Altdorf als Erfinder einer gut brauchbaren Walzenstuhl-Mühle. Seine «... Hauptmaschine besteht aus zwei Cylindern, die sich gegen einander drehen, ohne sich jemals zu berühren und nur auf den Kern wirken, der da gemahlen werden soll. Daher ist auch das Mehl von außerordentlicher Feinheit... Diese Erfindung muß als die erste unseres Jahrhunderts angesehen werden; sie ist eine neue gänzlich vollendete Kunst, welche früher oder später, eine gänzliche Umwälzung in Art der Getreide zu mahlen, hervorbringen dürfte.»[15] Diese Umwälzung trat tatsächlich ein. Der Zürcher Jakob Sulzberger verbesserte das System schon 1834 entscheidend. Der Schnitt durch seine Walzenstuhl-Mühle (s. Abb. 15) zeigt drei übereinander angeordnete Walzenpaare (f), durch welche das oben eingefüllte Getreide passieren muß. Dabei konnte je nach gewünschter Mehlqualität, jedes Walzenpaar in einer anderen Geschwindigkeit laufen. Dieses Mahlsystem wurde unter der Planung und Leitung der Ingenieure Sulzberger und Wilhelm Fehr in Ungarn als Großanlage 1841 in Betrieb gesetzt und als ‹Erste Ungarische Walzenmühle› berühmt.[16] Dem Zürcher Ingenieur Friedrich Wegmann gelangen noch weitere Vervollkommnungen. Sein 1876 erworbenes Patent für Walzenstuhl-Mühlen wird auch von heutigen Historikern als entscheidendes Dokument in der langen Technikgeschichte der Getreidemühlen angesehen.

Das Äußere Werk

Wie beim Inneren Werk hat sich die Wasserradtechnik des Äußeren Werkes von der Antike bis ins 19. Jahrhundert nur gering verändert. Trotzdem ist die Geschichte des Wasserrades nicht ganz einfach, weil sich das Vertikal-Wasserrad wie auch das Horizontal-Wasserrad so weit zurückverfolgen läßt, daß eine Beurteilung, welches Wasserrad zuerst angewendet wurde, kaum möglich ist. Im 19. Jahrhundert erlebte auch die Wasserradtechnik revolutionäre Erneuerungen. Wieder waren Schweizer Ingenieure mit der Konstruktion wirkungsvoller Turbinenanlagen wegweisend.

Vertikale Wasserräder:

Das vertikale Wasserrad begegnet uns in einfacher Form bei der bereits genannten Schiffsmühle. Ein primitives breites Rad nutzte das fließende Wasser, welches unten an die flache Schaufel stieß. Man nennt es deshalb unterschlächtiges Wasserrad. Der Wirkungsgrad war gering, denn während der Drehbewegung kamen jeweils nur wenige Schaufeln mit der Strömung in

16
Typische bis ins 19. Jahrhundert gebräuchliche Schiffsmühle mit unterschlächtigem Wasserrad.

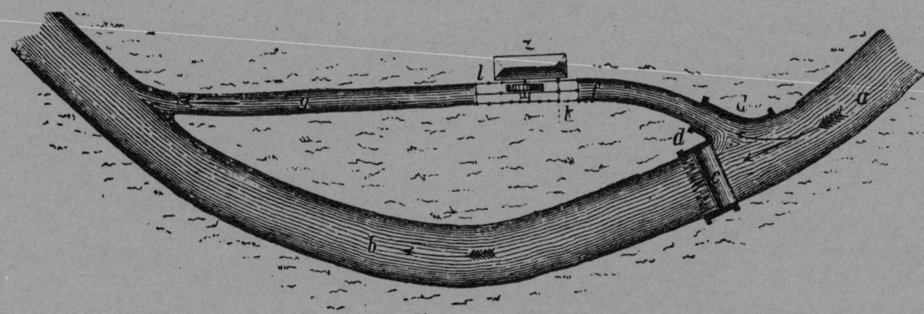

17
Typische Kanalanlage mit Wehr und Mühlen-Grundwerk

Berührung. Es wurde schon wiederholt die Ansicht vertreten, daß das unterschlächtige Wasserrad der Schiffsmühle (s. Abb. 16) die älteste Form sei, weil die Konstruktion einfacher war als bei Wassermühlen mit festem Standort am Ufer. Eine Mechanik zum Heben und Senken der Wasserradwelle bei wechselndem Wasserstand war hier unnötig, denn die schwimmende Schiffsmühle folgte ja automatisch den steigenden und sinkenden Fluten. Auch alte Kunstbauten wie Schleusen, Kanäle usw. fielen weg.
In der Regel wurde eine Mühle mit unterschlächtigem Wasserrad mit einem Kanal-Grundwerk verbunden. Diese Kunstbauten prägten geradezu die industrialisierte Landschaft. Das abgebildete Schema einer typischen Anlage (s. Abb. 17) zeigt den Fluß (a)–(b), dazwischen die Wehre (c) – ein Dammbau aus Holz oder Stein, später aus Beton, welcher das Wasser für den Kanal (f)–(g) anstaute. Der Kanalabfluß (g) mußte eine gewisse Länge haben, zur Verhinderung eines Rückstaus bei Hochwasser. In diesem Kanal befand sich nun das Grundwerk der Mühle (z). Ein Auf- und Grundriß des Grundwerkes (s. Abb. 18) zeigt drei Hauptteile: Das Vorgesenke (ff), welches

18
Auf- und Grundriß eines Grundwerkes

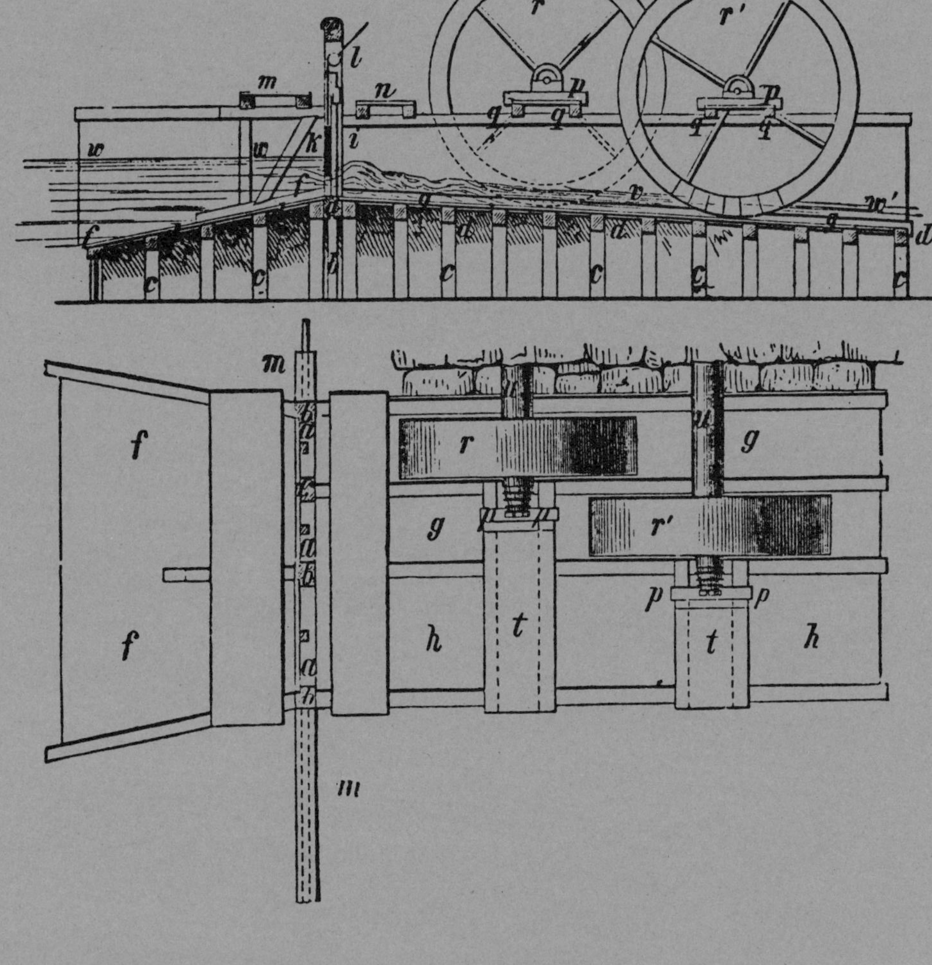

19
Gegenüberstellung eines gewöhnlichen unterschlächtigen Holzrades, Poncelet-Rades und mittelschlächtigen Zuppinger-Rades.

20
Beispiel eines oberschlächtigen Wasserrades – Konstruktionszeichnung des wohl größten Wasserrades mit 17,5 m Durchmesser und 100 Zellen, welches je in der Schweiz gebaut wurde. Es diente 1837–1891 der Spinnerei Steinach SG.

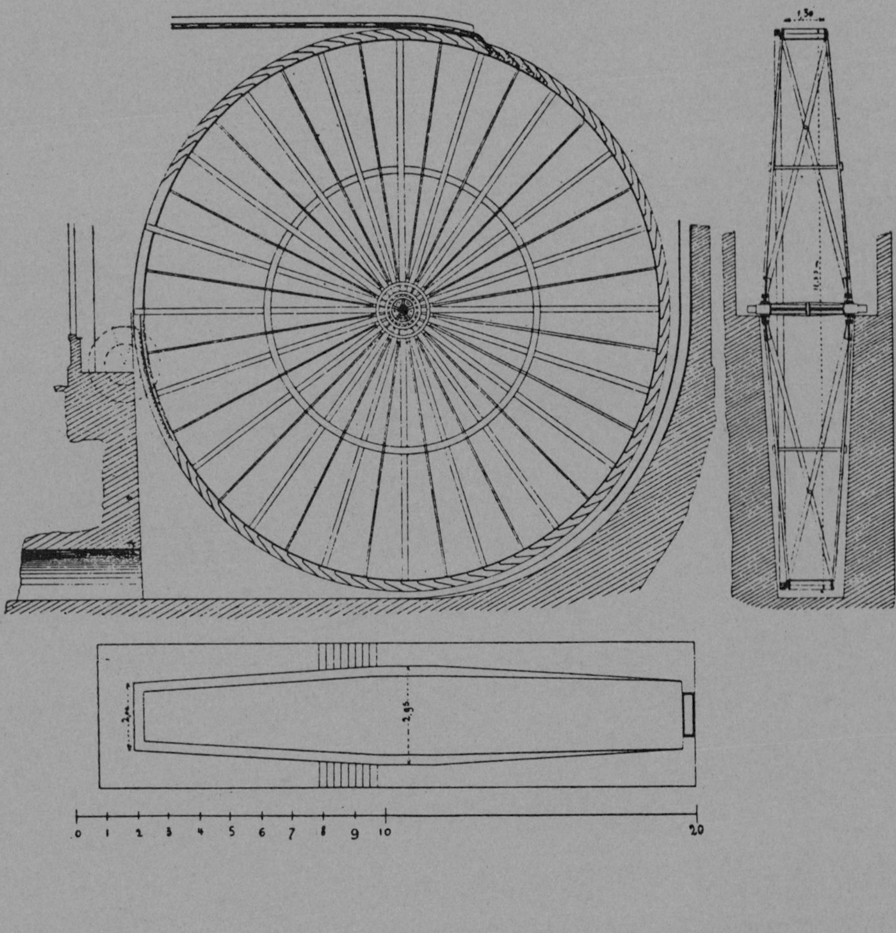

das Betriebswasser für die Mühle auffing. Das Gries oder Griffwerk (l), welches mit einer kräftigen Sprundwand (b) und der verstellbaren Schütze (k) den Zufluß ins Gerinne regulierte. Das Gerinne besteht aus dem Radgerinne (g) und dem Freigerinne (h). Bei einer Reparatur der Räder wurde das Wasser nur durch das Freigerinne geleitet und die Räder hingen im Trockenen. Schließlich sehen wir im Grundriß noch die Bedielung (t), welche den Zugang zu den Wasserrädern ermöglichte und das Außenlager der Wasserradwelle trug.
Natürlich suchte man die Wirkung der unterschlächtigen Räder zu erhöhen. Im 19. Jahrhundert trat vielerorts an Stelle des Holzrades das eiserne Poncelet-Rad. Dieses Rad hatte geschwungene Schaufeln. Die Schütze wurde schräg gestellt, und das Wasser floß so in die Schaufeln, daß nicht ein kurzer Wasserstoß, sondern ein Wasserdruck das Rad bewegte. Der französische Ingenieur Jean Victor Poncelet hatte ein abenteuerliches Leben. Als Ingenieurleutnant der napoleonischen Armee erlebte er 1812 den Brand von Moskau und geriet beim verlustreichen Rückzug in Gefangenschaft. Es wird überliefert, daß er während seiner zweijährigen Haft am Wolgaufer genug Zeit hatte, um über mechanische Probleme nachzusinnen.
Ohne alle Radsorten besprechen zu können, sei noch das mittelschlächtige Rad erwähnt. Wie der Name sagt, schlug hier das Wasser nicht unten, sondern bereits etwas höher auf die Schaufeln, was ein höheres Gefälle bzw. eine größere Anstau-

ung bedurfte. In diesem Falle brachte das Zuppinger-Rad mit durchwegs gekrümmten Schaufeln eine erhöhte Ausnutzung. Der Schweizer Ingenieur Zuppinger wird uns noch bei den Turbinen begegnen. Bis ins 20. Jahrhundert wurden alle drei Radarten (s. Abb. 19) gebaut – auch das gewöhnliche Holzrad. Die Preisaufstellung aus dem letzten Viertel des 19. Jahrhunderts zeigt, daß in erster Linie die Finanzkraft des Müllers entschied, wie modern er sein Äußeres Werk einrichtete.
Der Preisvergleich betrifft nur das Rad, ohne Gerinne, Schützen usw. (vgl. die Abbildungen).

a) Gewöhnliches unterschlächtiges Wasserrad ganz aus Holz mit Ausnahme des eisernen Wellenzapfens ca. Fr. 85,–
b) Unterschlächtiges Poncelet-Rad aus Eisen konstruiert ca. Fr. 290,–
c) Mittelschlächtiges Zuppinger-Rad aus Eisen konstruiert ca. Fr. 420,–[17]

Ein führender Baupolier bekam damals einen Taglohn von max. Fr. 8,–.
Oberschlächtige Wasserräder (s. Abb. 20) kamen mit bedeutend weniger Wassermengen aus, aber dafür mußte ein so großes Gefälle vorhanden sein, daß das Wasser von oben auf die Schaufeln fiel. Gegenüber dem unterschlächtigen Wasserrad waren die Schaufeln nicht gerade oder gekrümmt, sondern als kübelartige Zellen geformt. Der Müller achtete vor allem auf den richtigen Einfallswinkel. Das Zuflußgerinne wurde deshalb mit einem speziellen schrägen Spannschützen versehen. Auch

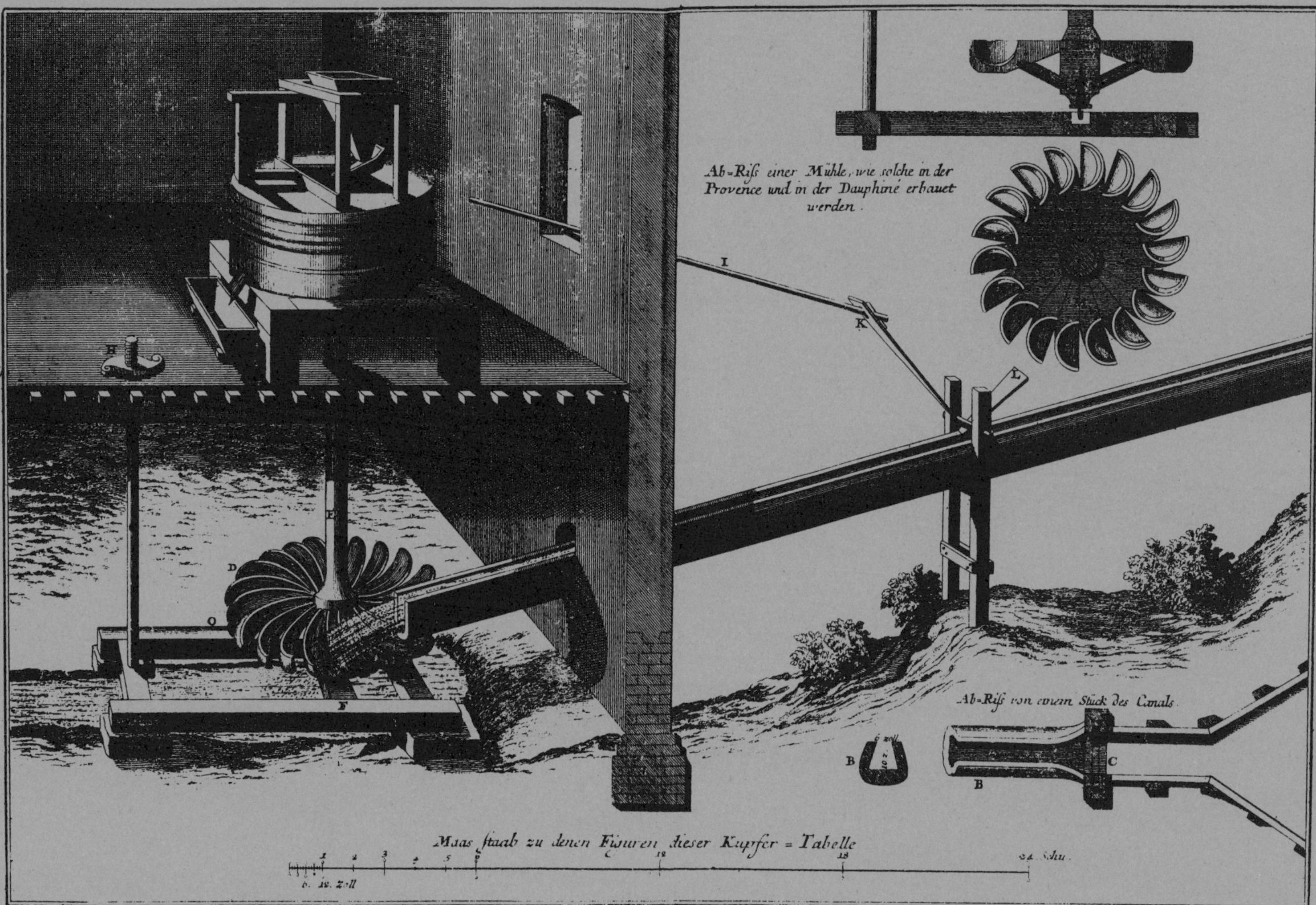

21
Darstellung eines horizontalen Wasserrades mit Schaufeln aus dem 18. Jahrhundert.

22
Schnitt durch eine um 1830 von Forneyron konstruierte Turbine.

hier brachte die teurere Eisenkonstruktion einen größeren Wirkungsgrad als die traditionelle Bauweise aus Holz.

Horizontale Wasserräder:

Die horizontalen Wasserräder nehmen eine Sonderstellung ein. Mit vertikalen Drehachsen konnten sie auch direkt das Mahlwerk bewegen. Ohne Richtungsänderung der Kraftübertragung und damit wegfallendem Kammrad und Drilling konnte natürlich auch die Umdrehgeschwindigkeit nicht verändert werden. Das meist kleine horizontale Rad bestimmte also direkt die Drehgeschwindigkeit des Läufersteins, welcher auf der gleichen Welle montiert war. Oftmals wird deshalb auch dieses Mühlensystem als älteste Art angesehen. Voraussetzung dieser Anlage war wie beim oberschlächtigen Rad ein hohes Gefälle. Man fand diese Wasserräder in den Pyrenäen, Nordafrika, Norwegen, Wallis (Stockräder) usw. In Belidors Architectura Hydraulica 1741 (s. Abb. 21), wird ein Rad mit löffelartigen Schaufeln gezeigt. Trotz geringer Wassermenge und einem Raddurchmesser von nur rund 1 m war die Leistung relativ groß, denn das Wasser schoß über eine steile Rinne gezielt auf die Radlöffel. Die in Basel wirkenden Mathematiker Daniel Bernoulli und Leonhard Euler bereiteten mit ihren Berechnungen den Übergang vom horizontalen Wasserrad zur Turbine vor. 1824 übergab der französische Ingenieur M. Burdin der Pariser Akademie der Wissenschaften ein Mémoire über horizontale Wasserräder, die er Turbinen (Turbo-Kreisel) nannte. Diese Kreiselräder leitete er von Untersuchungen Eulers ab.

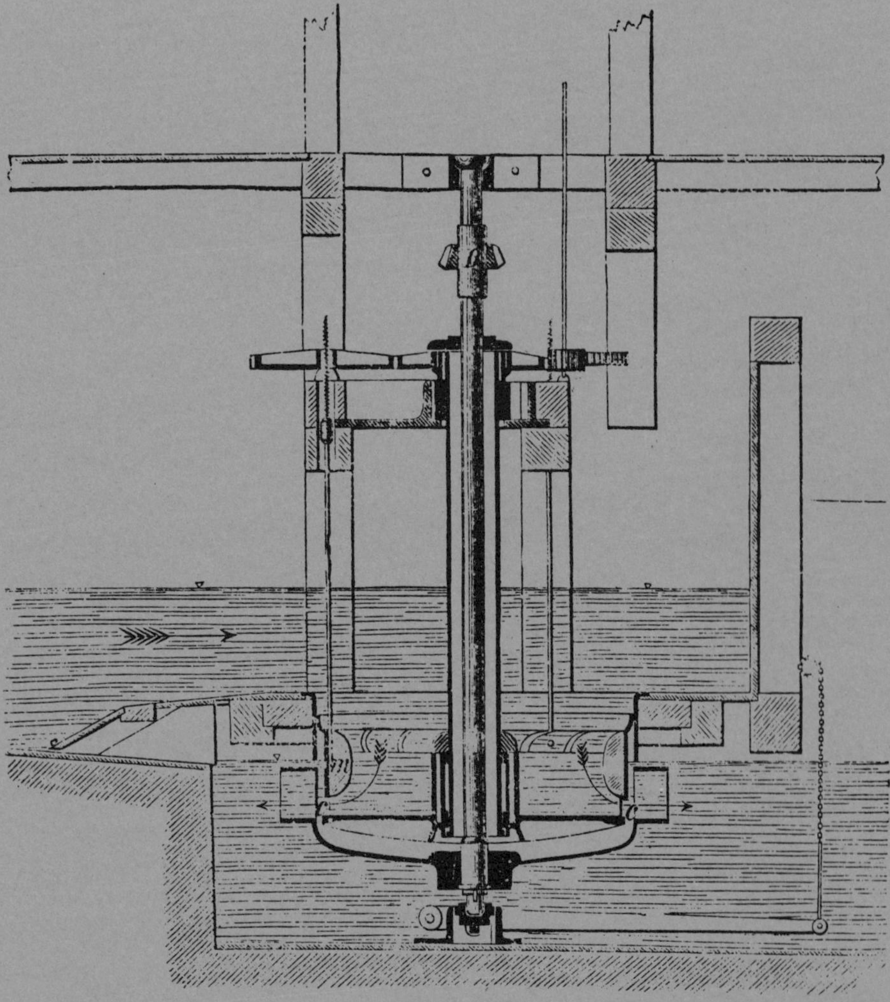

Turbinen:

Hier endet die Darstellung des Äußeren Werkes für Mahlmühlen. Es sei abschließend nur noch bemerkt, daß Schweizer Ingenieure auf die Entwicklung des Turbinenbaues einen entscheidenden Einfluß hatten. Rudolf Escher, Verfasser des Werkes ‹Theorie der Wasserturbinen›, hat in seinen Lebenserinnerungen nicht nur die Gründungsgeschichte der Spinnerei und später weltberühmten Maschinenwerkstätten Escher, Wyss & Cie erwähnt, sondern auch einige Episoden zur Geschichte des frühen Turbinenbaus festgehalten. In den 30er Jahren des 19. Jahrhunderts gab es schon überraschend wirkungsvolle Turbinen der französischen Ingenieure Fourneyron und Girard, welche etwa 2300 Umdrehungen in der Minute erreichten (s. Abb. 22). Aber diese Turbinen waren kompliziert, daher reparaturanfällig, und die Fabrikanten betrachteten sie mit einer gewissen Skepsis. Den Ingenieuren von Escher, Wyss & Cie gelangen Vereinfachungen gepaart mit gesteigertem Wirkungsgrad. Für diese Entwicklungsarbeit konnte der ‹alte Herr Escher› (Hans Caspar Escher – 1805 Firmengründer) 1842 einen sonderbaren Autodidakten anstellen – Walter Zuppinger aus Männedorf. Er kam mit «abgetragenem Röcklein und Hosen, die kaum die Knöchel bedeckten». Aber Escher hatte eine gute Nase für die richtigen Leute. Er ließ Zuppinger eine ‹Probeturbine› bauen, die aber nur einen Wirkungsgrad von 65% brachte (unterschlächtige Holzräder hatten einen Wirkungsgrad von etwa 35%). Dann eine weitere, die «72% brachte und nun war Jubel auf Erden».[18]

Anmerkungen

1 M. Rühlmann, Allgemeine Maschinenkunde, 1. Bd., S. 264.
2 F.M. Feldhaus, Die Technik der Vorzeit, der geschichtlichen Zeit und der Naturvölker, 1914, S. 1300.
3 T.S. Reynold, Mittelalterliche Ursprünge der industriellen Revolution, in: Spektrum der Wissenschaft, Sept. 1984, S. 128ff.
4 G. Gruner, Die Basler Gewerbekanäle und ihre Geschichte, in: Basler Stadtbuch 1978, S. 23ff.
5 H.P. Bärtschi, Industriegeschichte erleben: ein «Lehrpfad» in der Aabachregion, in: Neue Zürcher Zeitung, Nr. 3, S. 51 ff.
6 A.M. Dubler, Müller und Mühlen im alten Staat Luzern, Luzerner hist. Veröffentlichungen, Bd. 8, 1978, S. 38.
7 H. Brassel, Die einstige Eglisauer Schiffsmühle, in: Zürcher Chronik, Nr. 1, 1964, S. 5ff.
8 H. Gleisberg, Technikgeschichte der Getreidemühlen, in: Deutsches Museum, 24. Jg., 1956, Heft 3, S. 15.
9 O. Kammerer, Die Entwicklung der Zahnräder, in: Beiträge zur Geschichte der Technik und Industrie, 4. Bd., 1912, S. 245f.
10 J.D.W.E. Engelhard, Baukunde, in: Neue Encyklopädie der Wissenschaft und Künste, 4. Bd., 2. Aufl., 1858, S. 181ff.
11 E.M. Dingler, Polytechnisches Journal, 57. Bd., 1835, S. 201ff. u. 211. Bd., 1874, S. 168.
12 Der Verbreiter gemeinnütziger Kenntnisse, Solothurn 1837, 5. Jg., S. 207ff.
13 E. Fuchs, Illustrierte Sittengeschichte, 3 Bd., 1912, S. 60.
14 wie 12, 1836, 4. Jg., S. 122ff.
15 wie 12, 1833, 1. Jg., S. 125f.
16 A. Lätt, Schweizer im Ausland, 1931, S. 238f.
17 D.V. Jung, Wiener Baurathgeber, 5. Aufl., 1894, S. 471ff., u. S. 11f.
Da die Preise in der 2. Hälfte des 19. Jahrhunderts großen Schwankungen unterworfen waren, geht es bei der Aufstellung weniger um die Preise selbst als um die Konstenverhältnisse zwischen Holz- und Eisenradkonstruktionen.
18 R. Escher, Die Entwicklung der Turbine, in: Schweizerische Bauzeitung, 38. Bd., 1901, S. 269f. u. 44. Bd., 1904, S. 226.

Bildnachweis

1 T. S. Reynolds, Stronger than a hundred men, A history of Vertical Water Wheel, 1983, S. 33.
2 H. Fischer, Beiträge zur Geschichte der Holzbearbeitungsmaschinen, in: Beiträge zur Geschichte der Technik und Industrie, 3. Bd., 1911, S. 64.
3 Staatsarchiv Basel-Stadt.
4 M. Rühlmann, Allgemeine Maschinenlehre, 2. Bd., 1865, S. 16.
5 F. M. Feldhaus, Die Maschine im Leben der Völker, 1954, S. 186.
6 Th. Beck, Beiträge zur Geschichte des Maschinenbaus, 1900, S. 6.
7 Ch. Bernoulli, Handbuch der Technologie, 2. Bd., 1840. Tafel II.
8 Fr. Kohl, Die Schule der Mechanik und Maschinenkunde, 1865, S. 157.
9 Chr. F. L. Förster, Allgemeine Bauzeitung, 10. Jg., 1845, S. 141.
10 M. Rühlmann, aaO., S. 42.
11 M. Rühlmann, aaO., S. 183.
12 G. A. Böckler, Theatrum machinarum novum, 1661.
13 M. Rühlmann, aaO., S. 29.
14 A. de Ramellis Schatzkammer mechanischer Künste, 1620, S. 161.
15 M. Rühlmann, aaO., S. 77.
16 M. Rühlmann, op. cit., Bd. 1, 1862, S. 282.
17 M. Rühlmann, op. cit., Bd. 1, S. 275.
18 M. Rühlmann, op. cit., Bd. 1, S. 277.
19 D. V. Jung, Wiener Baurathgeber, 5. Aufl., 1894, S. 473.
20 Schweizerische Bauzeitung, Bd. 20, 1892, S. 16.
21 B. F. Belidor, Architectura hydraulica, 1741.
22 M. Rühlmann, op. cit., Bd. 1, S. 310.

Altes und neues Leben in der Mühle

Teil 3

Der letzte Müller vom Goms

Der prächtige alte Schlüssel paßt nicht mehr genau ins Türschloß der Mühle von Reckingen. Er lottert, weil die Führung, die in den Längsschlitz des Schlüsselschaftes paßte, herausgebrochen wurde. Einbrecher auf der Suche nach Antiquitäten haben dreist zwei Stunden genutzt, in denen Müller Ernst Garbellay abwesend war.
Das Türschloß ist selbst eine Antiquität: Ein Gehäuse aus Holz, schön gerundet, so daß man sich nicht an den Kanten stößt; in seinem Innern die geschmiedeten Eisenteile. Diese handwerkliche Meisterleistung stammt aus einer Zeit, als man hier oben noch alles selber machte.
Vor hundertsiebzig Jahren, 1818, wurde die Mühle gebaut. Das Wallis gehörte damals erst seit fünf Jahren zur Eidgenossenschaft. Vorher, in der von Napoleon diktierten Mediationsverfassung, war es eine eigene, wenn auch nicht selbständige Republik gewesen, direkt der französischen Regierung unterstellt.
Garbellay zeigt uns die eingeritzte Jahreszahl, fährt mit seinem Finger den dünnen Kerben entlang. Sie sind neben den Spuren der Verwitterung kaum mehr zu entziffern. Hier wurde kein Monument gesetzt. Es ist mehr eine beiläufige Notiz des Mühlenbauers, nicht über der Eingangstür, sondern an der Bergseite des kleinen Gebäudes in einen Balken gekerbt, an der Seite, wo die beiden Wasserkännel durch kleine Luken im Innern der Mühle verschwinden.
Ernst Garbellay ist seit 1963 Müller von Reckingen. «Mein Onkel wurde krank und mußte ins Spital», erinnert er sich. «So mußte ich von einem Tag auf den anderen Backmehl mahlen.» Eine Lehre als Müller hat er nie gemacht. «Ich habe einmal zugeschaut, wie man das macht. Dann konnte ich es auch.»

Viel Zeit zum Üben hatte er freilich nicht. Gleich von Anfang an mußte er richtig ‹an die Säcke›, denn in Reckingen war Backwoche. Das ist ein alter, heute verschwundener Brauch aus der Zeit, als die Gomser Bauern noch Selbstversorger waren. Sämtliche Familien des Dorfes backten gemeinsam das lange haltbare Walliserbrot.
Für den Müller war die Backwoche jeweils eine Bewährungsprobe. Da zeigte sich, ob er sein Handwerk verstand. «Wenn Backwoche war, habe ich manchmal vierzehn Tage voll durchgemahlen», erzählte Garbellay. Tag und Nacht rauschte dann das Wasser durch den uralten Kännel, ergoß sich auf die Schaufeln des waagrechten Stockrades, und die Mühle klapperte unaufhörlich ihr Sprüchlein im Dreiertakt: «En Drittel vom Bindel (Bündel), en Drittel vom Bindel . . .»
Mehr als ein paar Stunden Schlaf am Stück gab es dann für den Müller nicht. Etwa sechsmal rund um die Uhr mußte er das Korn im Trichter nachfüllen, damit der Stein nicht heißlief. Dazwischen konnte er die Mühle ihrem gemächlichen Rhythmus überlassen, sich ausruhen und die laufenden Arbeiten in Haus und Stall verrichten.
Stockmühlen mahlen langsam, etwa zehn bis allerhöchstens zwanzig Kilogramm pro Stunde. Gemessen an den Ansprüchen der modernen Müllereitechnik ist das lächerlich wenig. Geld verdienen läßt sich damit nicht, bei einem Mahllohn von vierzehn Franken pro hundert Kilogramm.
Die Vorteile liegen auf einem ganz anderen Gebiet. Garbellay: «Man muß nicht immer dabeisein.» Es ist eine Technik, die dem Lebensrhythmus des Bergbauern angepaßt war. Nicht auf große Mahlleistung kam es an, sondern auf die Selbstversorgung in der Dorfgemeinschaft mit einer Einrichtung, die ‹nebenamtlich› und mit wenig Aufwand betrieben werden konnte.

<
Das zur Zeit größte Wasserrad der Schweiz (Durchmesser: 9,60 m) in der Mühle von Böttstein AG ist am Zerfallen. Das größte Wasserrad der Welt ist laut ‹Guinness-Buch› das Mohammadieh-Noria-Rad in Hamah, Syrien, mit einem Durchmesser von 40 Metern. Es wurde in römischer Zeit gebaut.

Ernst Garbellay schließt seine Mühle auf.

Das obere Ende der Mühlenstange mit dem Dreiangel, der den Läuferstein trägt.

Mit Keilen wird der Läuferstein gehoben, um die hölzerne Rolle darunterschieben zu können.

>
Wenige Schritte von der Mühle befindet sich die alte Säge von Reckingen.

**Nächste Doppelseite:
Alte Säge im benachbarten Selkingen. Das oberschlächtige Rad mit Doppelkreuzspeichen befand sich einst an der bachwärts gerichteten Seite des Gebäudes und wurde vom Wallibach angetrieben.**

Was an den Stockmühlen besonders fasziniert, ist ihre geniale Einfachheit: Die Kraft des Wassers wird direkt, ohne Umweg über ein Getriebe, auf den Mühlstein übertragen, der auf der gleichen Achse sitzt wie das Rad und sich mit der gleichen Geschwindigkeit dreht.
Die Leistung ist natürlich sehr bescheiden. In den Statistiken des Eidgenössischen Amtes für Wasserwirtschaft in Bern sind die Leistungen der Stockmühlen mit einem PS pro Rad erfaßt. Die effektive Leistung ist sicher geringer. Bei einer Wassermenge von ungefähr dreißig Litern, die pro Sekunde den Kännel hinunterfließen, und bei einem Gefälle des Kännels von zwei Metern ist die reine Wasserleistung tatsächlich ein PS (oder 735,5 Watt).
Selbst ein oberschlächtiges Wasserrad setzt bestenfalls drei Viertel der Wasserleistung in Kraft um. Bei einem Stockrad, wo das Wasser nur durch seinen Druck wirkt, und wo ein großer Teil seitlich wegspritzt, dürfte der Wirkungsgrad unterhalb von 50 Prozent liegen.
Die Mühle von Reckingen besitzt zwei Mahlgänge. Einer davon ist noch in Betrieb. Vom zweiten existiert nur noch der Bodenstein, der ‹Sitzstei›, mit der Jahreszahl 1847 und die eiserne Mühlenstange, die jetzt unbenützt in einer Ecke der Mühle steht.
Garbellay holt die schwere, über zwei Meter lange Vierkantstange, um uns den Aufbau der Stockmühle zu erklären. An ihrem unteren Ende ist die Stange gerundet. Dieses Ende läuft auf einem würfelförmigen Lagerblock aus Bronze, der eine kleine Vertiefung in der Mitte aufweist. Diese Vertiefung läuft sich mit der Zeit aus. Dann wird der Würfel einfach gewendet. Das Bronze-Lager sitzt auf einem hölzernen Tragbalken, der ‹Chemme›. Sie trägt das Gewicht des Mühlenstocks mit dem darauf ruhenden Läufer, dem ‹Laufstei›. Die Chemme ist auf der einen Seite drehbar gelagert und hängt an der anderen Seite an einem Schraubgewinde, das der Müller mit einer Handkurbel vom Mühlenboden aus in der Höhe verstellen kann. So wird der Abstand zwischen Boden- und Läuferstein reguliert, und damit die Feinheit des Mehls.
Am oberen Ende des Stocks sitzt der Dreiangel. Das ist ein dreiarmiges Stück Eisen, das den Läufer trägt. Die drei Arme des Dreiangels passen in entsprechende Aussparungen im Läuferstein. In der Mitte hat der Dreiangel eine vierkantige, konische Öffnung, die genau auf das zugespitzte obere Ende der Mühlenstange paßt. Holzkeile im Mittelloch des Bodensteins bilden die obere Führung der Mühlenstange. An dieser Stelle ist die Stange natürlich nicht vierkantig, sondern rund.
Früher waren die Stücke der Stockmühlen durchwegs als hölzerne Wendelbäume gefertigt. Unten war in der Regel eine Spitze aus Quarzstein eingelassen, die sich in einer Lagerpfanne aus Quarz drehte. Steinlagerung ist sehr reibungsarm, besonders weil das Wasser für zusätzliche Schmierung sorgt. Im oberen Ende des Wendelbaumes steckte das Mühleisen, das zwei Funktionen erfüllte: Einmal bildete es das obere Lager des Wendelbaumes, und zweitens trug es den Dreiangel mit dem Läuferstein.
In der Stockmühle von Reckingen gibt es keine Hebevorrichtung, um das Mahlwerk zum Schärfen der Steine auseinanderzunehmen. Ernst Garbellay macht das noch auf die alte, traditionelle Art mit zwei kräftigen Holzrollen. Mit einem Stück Eisen wuchtet er den Läufer hoch, schiebt zuerst eine, dann die andere Rolle darunter und läßt das runde Stück Walliser Granit sorgfältig auf ein bereitstehendes Holzgestell gleiten. «Das braucht keine Kraft», schmunzelt er. «Während dem Aktivdienst hat das die Tochter des Müllers sechs Jahre lang gemacht, ganz allein.»
Jetzt, beim Schärfen der Steine mit dem ‹Pillhammer›, zeigt sich ein weiterer Vorteil der kleinen Mahlleistung: Eine Walliser Stockmühle benötigt keine komplizierten Schneid- und Luftfurchen, wie sie bei Mühlsteinen größerer Leistung erforderlich sind und das Schärfen zu einer besonderen Kunst machen.
Mit dem Richtscheit zeigt uns Müller Garbellay die beiden Flächen, die es zu

44

beachten gilt. Außen liegt ringförmig, etwa zwanzig Zentimeter breit, die eigentliche Mahlfläche. Die innere Zone, rings um das Steinauge, durch das die Körner herunterfallen, ist leicht konisch vertieft. Das heißt, dort ist der Abstand zwischen den beiden Steinen am größten und nimmt dann gegen die Mahlfläche hin kontinuierlich ab. So können die ganzen Körner überhaupt zwischen die Mühlsteine gelangen.
Mit dem Billhammer schlägt der Müller Schlag um Schlag auf die Mahlfläche. Ab und zu sprüht ein Funke auf, während der Hammer in gleichmäßigem Takt dumpf aufschlägt, und mit leisem Knirschen springen Granitsplitter zur Seite.
Die Steinoberfläche erhält so kleine Vertiefungen, in denen sich die Körner festsetzen können, und scharfkantige Buckel, die sie in kleinere Stücke zerschroten, immer feiner, bis aus den Körnern Mehl geworden ist.
Nach dem Billen prüft Garbellay die Oberfläche mit dem Richtscheit. Dazu rollt er das vierkantige Holz über der Steinoberfläche ab und prüft jeweils mit der Kante, ob die Mahlfläche schön eben ist, wie sie sein soll. Dieser Arbeitsgang, das Nivellieren, muß sehr sorgfältig gemacht werden, denn von ihm hängt die Qualität des Mehls ab.
Jetzt kann das Mahlwerk eingerichtet werden. Zuerst richtet Garbellay den Bodenstein so aus, daß die Drehachse der Mühlenstange genau senkrecht zu seiner Oberfläche steht. Der Müller nimmt dazu ein Richtscheit von der Wand und steckt es anstelle des Dreiangels auf die Spitze der Mühlenstange. An seinem anderen Ende besitzt es einen Schraubbolzen. Er wird so eingestellt, daß er leicht über die Mahlfläche des Steins gleitet.
Garbellay entfernt eine Planke des Mahlbodens und stößt das Wasserrad mit einem hölzernen Stock an. Das Richtscheit kreist, und der Bolzen rattert leise über die rauhe Fläche. Wenn er eine schiefe Lage anzeigt, richtet Garbellay den Stein mit hölzernen Keilen, bis die Mahlfläche genau waagrecht liegt.
Wir können jetzt durch die Lücke im Boden einen Blick auf das neue Stockrad werfen. Das alte ging vor ein paar Jahren zu Bruch. «Den größten Schaden machen die Fremden», erzählt der Müller, als das Gespräch auf die Unterhaltsarbeiten kommt. Ein Lehrer wollte seinen Schülern die Kraft des Wassers demonstrieren und ließ ein Stück Holz den Kännel hinunterschwimmen. Das Holz verklemmte sich zwischen Kännel und Stockrad, der Schwung des Mühlsteins ließ die Achse weiter rotieren, und so brachen durch die Gewalt des Wassers sämtliche Radschaufeln ab.
Garbellay erzählt es ruhig, mit einem Klang von Resignation in der Stimme. Bauern, zumal in den Bergen, sind seit alters gewohnt, Schicksalsschläge der Natur hinzunehmen. Seit der Tourismus-Ära gibt es neben den alten Plagen eben auch ‹die Fremden›. Sie kommen aus einer anderen Welt, und man kann nichts machen, man muß sie ertragen wie Lawinen, Hochwasser und Erdrutsche. Was das Stockrad betrifft: Keine Versicherung hat je etwas für den Schaden bezahlt.
‹Die Mühle im Goms› ist oder war im Ausland zum Teil besser bekannt als in der Schweiz, seit in einem Münchner Verlag noch vor dem Zweiten Weltkrieg ein Buch darüber erschien. Zahlreiche Touristen aus dem Ausland seien eigens nach Reckingen gekommen, um die berühmte Mühle anzuschauen. Auch ein Filmteam war schon da und hat einen Dokumentarfilm gedreht, und im Sommer kommen zahlreiche Schulklassen, denen Garbellay dann ein bißchen vorführt, wie man mit einer solchen Mühle mahlt.
Nach dem Ausrichten des Bodensteins kommt der Läufer an die Reihe. Der Müller wuchtet ihn hoch, rastet die Arme des Dreiangels in die Vertiefungen ein und unterlegt dabei jeweils einige vergilbte Papierstreifen. Mit der Handkurbel fährt er den Läufer herunter und läßt den Stein kreisen, bis ein leichtes schabendes Geräusch anzeigt, daß sich die beiden Steinoberflächen berühren. Garbellay ist mit dem Geräusch nicht zufrieden. Der Stein liegt einseitig. Mit einem Stück Eisen hebt er den Läufer leicht an und unterlegt an einem Arm des Dreiangels ein weiteres Papierblättchen. Wieder wird die Lage

Das Schärfen der Mahlfläche mit dem Billhammer.

Das Nivellieren mit dem Richtscheit.

<
Oberschlächtiges Wasserrad und Fallschacht der alten Säge von Reckingen. Durch den Fallschacht (Bildmitte oben) stürzte das Wasser vor dem Rad in die Tiefe, wenn kein Antrieb benötigt wurde. Um das Rad einzuschalten, wurde der Schacht mit einem Brettschieber geschlossen, und das Wasser floß auf das Rad.

>
Das oberschlächtige Waßerrad der alten Mühle von Salouf GR wurde 1974 ersetzt und leistet noch jeden Herbst und Winter nützliche Arbeit.

Das Aufsetzen der Zarge auf den Bodenstein. Dieser wird mit Keilen genau waagerecht ausgerichtet. Vorne das Mehlrohr.

Die Mühle ist bereit zum Aufschütten. Von oben nach unten: Schütttrichter (steht mit vier Beinen auf der Zarge), Rüttelschuh mit Schlegel (heller Stab), Zarge, Bodenstein, Keile, Mühlstuhl, rechts davon Kurbel zum Verstellen des Mahlabstandes zwischen den Steinen, im Vordergrund links Mehltruhe.

geprüft, wieder neu unterlegt, bis schließlich der Mahlgang genau eingerichtet ist. Jetzt stülpt Garbellay die hölzerne Zarge über den Läufer. Die Lücken zwischen dem Bodenstein und dem unteren Rand der Zarge dichtet er mit einer Spachtelmasse aus Steinmehl, Roggenmehl und Wasser ab, so daß kein Mehl austreten kann.
Der Läufer ‹eiert› leicht, wie eine Schallplatte, die nicht genau in der Mitte auf dem Plattenteller liegt. Das hat seinen Grund: Die reibende Bewegung, verbunden mit der Zentrifugalkraft, befördert das Mahlgut vom Steinauge her nach außen, wo es am Umfang des Steins aus der Fuge tritt und in der Zarge schließlich zum Mehlrohr transportiert wird.
Das Mehlrohr mündet in die Mehltruhe. Früher, als Müller Garbellay noch feines Mehl mahlte, rieselte das Mehl auf ein längliches Rüttelsieb, die ‹Pigge›. Das ist ein Holzrahmen, mit Gaze bespannt. Dort wurde das feine Mehl ausgesiebt, das man zum Kochen brauchte.
Auf die Zarge stellt Garbellay den Schütttrichter mit seinen vier Stuhlbeinen und dem ‹Schlegel›, dem hölzernen Stab, der mit dem Rüttelschuh, dem ‹Schnäpper›, verbunden ist und im Steinauge an drei Nocken vorbeigleitet. Sie versetzen den Schlegel in rhythmische Bewegung und sorgen dafür, daß stets etwas Korn ins Steinauge rieselt.
Im Trichter war früher einmal ein Brettchen montiert, das über einen Schnurzug mit einem Hebel in Verbindung war, der den Wasserschieber auslöste, sobald nur noch eine kleine Menge Korn im Trichter war. (Mehr über die Funktionsweise dieser automatischen Vorrichtung siehe Selkingen, Mühle, S. 72, und Dandrio, S. 73.)
Vandalisierende Antiquitätenräuber haben die Einrichtung zerstört.
In früheren Jahren hat der Müller von Reckingen bis vierzehn Tonnen pro Jahr gemahlen, hauptsächlich Gerste und Roggen, aber auch etwas Feldbohnen. Jetzt sind es noch sechs bis sieben Tonnen, ausschließlich Futtermittel für die Bauern der umliegenden Dörfer. Bis vor zwei Jahren habe er noch Backmehl mahlen können, aber dann sei es wegen der Arthritis in den Händen nicht mehr gegangen. Backmehl muß von Hand gesiebt werden, was ziemlich anstrengend ist.
Seit die Subventionierung der bäuerlichen Selbstversorgung mit Brotgetreide in einer eidgenössischen Volksabstimmung abgeschafft wurde, wird den Bauern der Mahllohn – vierzehn Franken pro 100 Kilogramm, eidgenössisch festgesetzt –, den sie dem Kundenmüller zahlen müssen, nicht mehr vergütet. Als Übergangsregelung sei der Mahllohn eine Zeitlang vom Bund direkt ausgerichtet worden. Die Erkenntnis, daß die Mühlen des Bundes noch langsamer mahlen als Gomser Stockmühlen, blieb auch Garbellay nicht erspart: «Ich mußte ein Jahr warten, bis das Geld kam.»
Jetzt herrscht in der Müllerei der freie Wettbewerb, bei dem die kleinen Kundenmüller gegenüber den großen Handelsmühlen zwangsläufig den kürzeren ziehen. Oft ist es nur noch die Liebe zu ihrer alten Mühle, die sie ihr Handwerk weiter ausüben läßt. Mit der Wasserkraft, obwohl gratis und naturfreundlich nutzbar, ist heute, von wenigen Ausnahmen abgesehen, kein Einkommen mehr zu machen.
Jetzt kann Garbellay Korn aufschütten, das Wasser in den Kännel leiten, und die Mühle kann ihr jahrhundertealtes Lied singen. Leider nicht mehr für lange. Ernst Garbellay leidet unter Asthma, und der Arzt wird ihm schon bald das Mahlen verbieten, wegen dem Staub. Nach ihm wird niemand mehr diese Arbeit machen. Dann wird auch die letzte Stockmühle im Goms stillstehen und im besten Fall zu einem Museum werden.

Ein Tag im Leben des Müllers Franz Stocker in Salouf

«Im Winter stehe ich zwischen sieben und acht Uhr auf. Zuerst heize ich den Ofen ein, und dann mache ich den Zmorge für die Geschwister Demarmels und mich. Ich helfe auch am Mittag beim Kochen und auch sonst im Haushalt, denn beide sind schon über achtzig und können es nicht mehr gut machen. Die beiden haben mich

Müller Franz Stocker prüft den austretenden Schrot. Von oben nach unten: Schütttrichter, Zarge, Bodenstein, Mehltruhe (im Inneren, nicht sichtbar: Drehzylinder), Kleietrog, Gefäß zum Aufschütten.

angenommen wie einen Sohn. Ich stamme aus dem Südtirol und hätte für die Deutschen in den Krieg müssen. Ich bin aber im Mai 1944 geflüchtet und kam als Neunzehnjähriger in die Schweiz. Später habe ich mich hier eingekauft und auch Militärdienst geleistet.
Etwa um neun Uhr fange ich in der Mühle an zu arbeiten. Im Winter, wenn es kalt ist, muß ich zuerst das Eis am Wasserrad abschlagen. Dazu nehme ich eine Axt. Bevor ich die Mühle laufen lasse, hebe ich mit der Kurbel den Läuferstein ein bißchen an. Der Abstand zwischen Bodenstein und Läuferstein wird dann etwas größer. Jetzt kann ich mit der Bilanzstange den Kännel schwenken, so daß das Wasser auf die Radschaufeln fällt. Wenn die Mühle angelaufen ist, fahre ich den Läuferstein sorgfältig wieder etwas herunter.
Ob die Mühle richtig eingestellt ist, höre ich am Takt des Dreischlages. Er sorgt dafür, daß immer neues Mahlgut zwischen die Steine rinnt. Wenn der Abstand zwischen den Steinen zu groß ist, ist die Mahlleistung zu gering. Wenn er zu klein ist, dann läuft das Mahlwerk heiß, und es gibt schlechtes Mehl.
Mit der Steinmühle kann man das feinste Mehl machen. Zwischen den Steinen wird das Korn zerrieben. Im Walzenstuhl der modernen Mühlen wird es bloß zerquetscht, und das macht den Unterschied. Von dem Material, das aus dem Mahlwerk kommt, ist nur ein kleiner Teil Mehl. Der größere Teil ist Schrot und Kleie. Das alles fällt durch den Mehlkanal in einen Zylinder, der sich im Mehlkasten dreht. Der Zylinder ist mit Seidenstoff bespannt. So wird das feine Mehl ausgesiebt und fällt in die Mehlschublade. Die Mehlschublade hat zwei Abteile, damit das Mehl eine Zeitlang ruhen und abkühlen kann. Vor allem gegen Abend, wenn die Mühle den ganzen Tag lang gelaufen ist, wird das Mehl warm. Würde man es so in Säcke abfüllen, dann gäbe es Klumpen.
Die meisten Kunden verlangen heute Vollmehl. Dann schütte ich den Schrot, so wie er aus dem Zylinder in den Kleietrog fällt, wieder auf. Je nachdem, wie stark der Kunde ausgemahlen haben will, lasse ich den Schrot zwei- bis dreimal durchlaufen. Das ergibt 60 bis 70 Prozent Feinmehl. Der Rest ist Schrot. Wenn der Kunde Weißmehl wünscht, wird die Kleie mit einem Sieb ausgesiebt und nicht mitgemahlen.
Ich arbeite jetzt schon fünfzig Jahre als Kundenmüller. Mein Handwerk habe ich hier in der Mühle von Salouf gelernt. Zuerst habe ich als Müllerbursche angefangen. Viel habe ich von Franz Demarmels gelernt. Den Rest hat mir ein Müllermeister beigebracht, der ab und zu vorbeischaute, und der uns half, wenn es mit der Mühle Probleme gab.
Die Mühle von Salouf stammt aus dem Jahre 1877. Sie ist seit drei Generationen im Besitz der Familie Demarmels. Mit mir sind es schon vier Generationen. Früher stand hier eine kleinere Mühle. Großvater Demarmels hat sie aufgestockt und oben eine Wohnung eingebaut. Im Jahr 1953, 54 habe ich die Mühle übernommen, und seither schaue ich zu ihr.
Probleme gibt es manchmal mit dem Getriebe. Da ist alles aus Holz, auch die Zahnräder. Das Kammrad, das auf dem Wellbaum sitzt, ist aus Lärchenholz. Die Zähne sind einzeln gefertigt und eingesetzt. Sie sind aus Apfel- oder Birnbaumholz. Dieses Holz ist am besten, weil es hart ist, aber trotzdem nicht splittert.
Wenn ein Zahn bricht, dann gehen mindestens drei oder vier andere auch kaputt. Ich muß dann sofort die Stange stoßen, aber das Rad läuft halt noch ein Weilchen weiter. Da kann man nicht einfach auf den Knopf drücken. Wenn die Mühle läuft, bin ich meistens dabei, um zu schauen, daß nichts schief geht. Ich höre sofort, wenn irgendetwas nicht stimmt. Dann stelle ich ab und schaue nach, bevor etwas passiert.
Die kleineren Reparaturen mache ich alle selbst. Ich habe hier in der Mühle eine Werkbank. Wenn ich einen neuen Zahn einsetze, muß ich ihm genau dieselbe Form geben wie den alten, abgelaufenen Zähnen. Sonst würde das Rad nicht gleichmäßig laufen und schnell wieder kaputtgehen. Im Herbst 1974 waren das Wasserrad und der Wellbaum in einem so schlechten

Zustand, daß ich sie nicht mehr allein instandhalten konnte. Dank einer Gönnervereinigung wurde die äußere Einrichtung renoviert. Die Mühle war nur etwas mehr als ein halbes Jahr außer Betrieb. Ich habe oft Besuch von Feriengästen und ganzen Schulklassen, die sich für meine Arbeit interessieren.
Etwa zwei- bis dreimal im Jahr muß ich die Steine behauen. Dazu muß ich das Mahlwerk auseinandernehmen. Der Läuferstein wiegt über 250 Kilo. Mit Stufenkeilen und Holzrollen befördere ich ihn auf ein Gestell, um die Mahlfläche behauen zu können. Die Steinoberfläche muß rauh sein und scharfe Kanten haben. Wenn beide Mahlflächen fertig behauen sind, setze ich das Mahlwerk zusammen. Die Steine müssen sorgfältig gerichtet sein. Die ganze Arbeit kann bis zu einer Woche dauern.
Pro Jahr verarbeite ich etwa 6 bis 7 Tonnen Getreide. Ich mahle vom Herbst, nach der Ernte, den Winter über bis in den Januar, Februar hinein. Meine Kunden sind Bauern aus dem Dorf, aus Parsonz, Riom, Cunter, sogar Tiefencastel. Viele von ihnen sind Mitglieder von ‹Gran alpin›. Für hundert Kilo Mehl erhalte ich 20 Franken Mahllohn. Dafür arbeite ich einen ganzen Tag. Ein Walzenstuhl macht das in weniger als einer Stunde, und das für 6 Franken.
Ich arbeite etwa sechs bis sieben Stunden pro Tag in der Mühle. Mein Arbeitstag ist abends um etwa sechs Uhr zu Ende, wenn es dunkel geworden ist. Dann helfe ich Znacht machen, und dann ist für mich Feierabend.»
(nacherzählt von Christian Bachmann)

Gran Alpin:
Bündner Bergbauern besinnen sich auf ihre Tradition

‹Chüstige› Naturprodukte sind wieder gefragt. Dazu gehört Bio-Mehl, wenn möglich steingemahlen. Von dieser Nachfrage möchten auch die Bauern aus dem Albulatal und dem Oberhalbstein profitieren. Sie haben sich vor einigen Jahren zur Selbsthilfe-Organisation ‹Gran Alpin› (Korn aus den Bergen) zusammengeschlossen. Im Zeitalter der Milchschwemme und des ausgetrockneten Viehmarktes wuchs sie schnell auf mehrere Dutzend Mitglieder an. Gran Alpin fördert den Anbau von traditionellen und modernen Getreidesorten (Gerste, Weizen und Roggen), organisiert die Weiterverarbeitung und Vermarktung in der Region. Das Gran-Alpin-Mehl wird größtenteils an einheimische Bäckereien geliefert. Ein Teil wird verpackt und an Kleinabnehmer verkauft.

Öl am Hut und im Kännchen

Die Fensterläden der alten Öle von Münsingen sind geschlossen. Nur durch einige Ritzen dringt noch Tageslicht in den düsteren Raum. Eine schwache Glühbirne verbreitet etwas Licht. Später, wenn alles ganz stilecht renoviert ist, wird hier eine Ölfunzel brennen, eine ‹Öltägle› mit selbstgepreßtem ‹Lewatöl› aus Rapssamen. Rapsöl entwickelt sehr wenig Rauch.
Der mächtige hölzerne Mechanismus mit seinen mannsdicken Wendelbäumen, den Kamm- und Stirnrädern mit ihren ineinandergreifenden Zähnen, die schweren Stößel, der Reibstein und das Rührwerk – sie sind jetzt nur noch undeutlich zu erkennen. Vorher habe ich sie neugierig betrachtet, mir ihre Funktionsweise erklären lassen, auf ein gefaltetes Papier Notizen gemacht. Jetzt lasse ich meine Augenlider etwas zufallen. Ich versuche die Stimmung in mich aufzunehmen, die öligen Rauchschwaden zu riechen, die das ganze Gebälk so imprägniert haben, daß es über Jahrhunderte tadellos erhalten blieb. Ich versuche mir vorzustellen, wie es gewesen sein könnte, als hier vor hundertfünfzig Jahren der Öler Hans Jörg am Preßtrog stand und die Stößel ‹prätschen› ließ.
Er wird wohl auch derbe Sprüche geklopft haben, während seine Kunden auf das Öl warteten: «Us dir gäbs o ne rächte Truck, Rösi.» Ein Druck, das war in der Öle die Menge an Nüssen oder Samen, die auf einmal verarbeitet werden konnten, das heißt etwa zwei ‹Määss› à vierzehn Liter. Die junge, kräftige Rösi wird sich wohl zu wehren gewußt haben. Handgreifliche

Das Mahlgut muß sorgfältig gewogen werden.

Mühlenkater ‹Mini› sorgt dafür, daß die Mühle nicht zu einem Mäuseparadies wird.

Scherze mit ölverschmierten Händen haben schließlich ihre Grenzen. Vielleicht war es ihr ganz recht, daß der Baschi aus Tägertschi so viel Nüsse gebracht hatte, als wolle er den ganzen Winterbedarf für seine Familie auf einmal pressen lassen. Sie hoffte nämlich, daß der Gusti vom Chnubel heute abend noch kommen würde. Dann konnte man ein bißchen ‹karisieren›, sich vielleicht für ein Weilchen in eine dunkle Ecke zurückziehen. Von Zeit zu Zeit geht die Tür, und ein neuer Kunde bringt einen Schwall frischer Novemberluft herein. Leider schon wieder nicht der Gusti. Nur der Kari war da, von dem sie wußte, daß er auch ein Auge auf sie geworfen hatte. Er schwatzte mit zwei anderen Burschen, während Rösi mit der kleinen hübschen Lisi die jungen Männer des Dorfes ‹durchnahm›. Die Lisi ‹spienzelte› dabei immer zu den Burschen hinüber, und . . .

Ob es so gewesen ist oder nicht, wüßten vielleicht die alten Balken zu erzählen, wenn sie reden könnten. In den historischen Dokumenten ist darüber leider nichts zu erfahren. Sie erwähnen, daß bereits im Jahre 1377 in Münsingen eine Mühle und ‹Plöuwe› (Stampfe) in Betrieb war.

In der Plöuwe wurden die rohen Flachs- und Hanfstengel mit einem kräftigen Holzstößel zu ‹Werch› geklopft. Der Müller war, wie aus dem Dokument hervorgeht, dazu verpflichtet, der Herrschaft diese Arbeit ohne Entgelt zu erledigen. Das ‹Plöuwen› ist die älteste Technik, um die Holzteile der Stengel zu zerbrechen, damit sie dann mit der Hechel von den spinnbaren Fasern entfernt werden konnten. Später verwendete man dazu die Reibe mit dem kegelförmigen Stein.

Beide Techniken, Stampfe und Reibe, wurden für die verschiedenartigsten Anwendungen abgewandelt. Um aus Nüssen oder ölhaltigen Samen einen preßbaren Brei herzustellen, diente ursprünglich ebenfalls die Stampfe, später die Reibe. Aus Rinde wurde Gerberlohe gestampft, aus Knochen Knochenmehl zum Düngen. Die Knochenstampfe, die sich ebenfalls in der Öle Münsingen befindet, wurde später eingebaut, wahrscheinlich nach 1800.

Auch Korn, vor allem Gerste und Hirse, wurde gestampft. In der Öle Münsingen war neben der Ölpresse im gleichen Eichenstamm eine große Vertiefung ausgehöhlt. Ein zweiter Rammbaum bildete zusammen mit diesem Holzmörser die ‹Muskornstampfe›. In der Stampfe wurden die Körner entspelzt, nicht zerkleinert.

Für das Recht, diese Stampfe zu betreiben, mußte der Öler in früheren Zeiten folgende jährliche Abgaben entrichten: «Ein Mäs gestampfete Gersten, ein halb Mäs gestampfeten Hirs.» Um in der Öle mehr Raum zu gewinnen, wurde der Mörserteil des mächtigen Eichenbalkens später abgesägt.

Vor allem im Bündnerland waren die Kornstampfen früher sehr verbreitet. In jedem Dorf gab es mindestens eine, um die Gerste für die berühmte Bündner Gerstensuppe zu entspelzen. Der Bündner Mühlenforscher Adolf Gähwiler hatte Gelegenheit, die letzte dieser Stampfen noch in Aktion zu erleben, als er 1970 im Auftrag des Museums die Leinsamen- und Gerstenstampfe von Compadials dokumentarisch erfaßte, bevor sie, säuberlich in Einzelteile zerlegt, im Rhätischen Museum Chur verschwand:

«Kurz bevor sie abgebaut wurde, stampfte der alte Müller noch einmal Gerste während meinen Aufnahmearbeiten. Jede Mulde wurde etwa zur Hälfte mit Gerste gefüllt. Eine Handvoll Schnee (es war Januar) machte die Frucht etwas feucht, wie das sein soll. Dann wurde das Wasser auf das Rad geleitet. Das ehrwürdige Werk begann zu leben: Der Vierviertelschlag der Stößel vermischte sich mit den Geräuschen der schleifenden Riemen, das hölzerne Schlagen der Kronräder mit dem Schaben der Rührschaufel in der Pfanne und das ruckende Klopfen des Exzenters mit dem Rutschtakt des Rüttelsiebes. Das ergab wahrhaftig eine wundersame Symphonie! Sie dauerte pausenlos fast eine Stunde. Die vier Stößel schlugen den Takt, gedämpft durch die Gerste, immer im Vierviertaltakt alle vier Sätze! Dem alten Müller mochten in wehmütiger Stimmung allerlei Erinnerungen gekommen sein. Mir als einzigem Gast

Um die hölzerne Knochenstampfe (links) in der Öle Münsingen in Betrieb zu setzen, muß das Kammrad am oberen Bildrand eingekuppelt werden. Im Hintergrund rechts das Getriebe mit dem Haupt-Antriebsrad.

<
Die renovierte alte Öle von Münsingen BE. Das Pressgut wird durch die Schläge des schweren Pleuels zusammengepreßt. Der an einer Kette aufgehängte Gegenkeil wird nach unten hin (dort, wo er im Block eingeklemmt ist) wieder dicker. Im Hintergrund (links) die Reibe.

Das Getriebe der Öle von Münsingen. Das ‹Königsrad› unten sitzt auf dem Wellbaum des Wasserrades. Das Kammrad oben überträgt die Kraft auf den Haupt-Wellbaum des Getriebes. Er setzt alle Einrichtungen in Bewegung. Für einen ruhigeren Lauf sind die Zähne des Kammrades leicht gegeneinander versetzt. Die stirnseitige Bezahnung dient zum Antrieb der Knochenstampfe, deren Kammrad im Hintergrund sichtbar ist.

>
Mühlradsymbol in Grüsch GR.

war's ein Erlebnis. Man konnte ziemlich genau in Sekundenschnelle mitzählen: ein-und-zwan-zig, zwei-und-zwan-zig usw. Auf jede Silbe ein Pochschlag, vier in einer Sekunde. Jede Sekunde fällt jeder Stößel einmal. Es wurde kaum ein Wort gewechselt, bis das entspelzte und gerollte Gut den Mulden wieder entnommen werden konnte.»
Nach dieser Abschiedssymphonie der Gerstenstampfe von Compadials im Vorderrheintal zurück zur Öle von Münsingen. Auch im aargauischen Böttstein gibt es eine renovierte Öle, die noch funktionstüchtig ist. Sie soll später vorgestellt werden, zusammen mit dem Öler, der sie tadellos in Schuß hält. Er wird uns auch die Arbeitsgänge genau erklären. Zunächst nur soviel: Geölt wurde in drei Arbeitsgängen: Mahlen, erhitzen und pressen. Jedesmal konnte die Wasserkraft sinnvoll genutzt werden. Verarbeitet wurden Baumnüsse, Haselnüsse, Bucheckern, Leinsamen, Mohnsamen und Raps. Der Öler stellte daraus feines Speiseöl, Lampenöl (‹Lewatöl›) für Haus und Stall, Bindemittel für Farben und Lacke sowie ‹Wagensalb› her.
Wagenschmiere wurde früher in ansehnlichen Mengen benötigt. So heißt es in einer Abrechnung des Bauamtes der Stadt Bern von 1635: «Item so hab ich diss jahrs zum wagensalb koufft 90 Pfund ancken per 2 batzen, 12 mass leynöhl (= 19 Liter) per 10 batzen, 3 zentner hartz (= 150 kg) per 5 Pfund.»
Auch in der Öle Münsingen wurde aus minderwertigem Öl, ranzig gewordener Butter und Harz Wagenschmiere gekocht. Wegen Feuergefahr fand diese Arbeit im Freien statt. Das fertige Produkt, je nach Packungsgröße in Holzkübeln oder Holzschachteln abgekühlt, wurde von Hausierern vertrieben.
Schon in vergangenen Tagen bedeutete der individuelle Verkehr auf Rädern eine Gefahr für den Wald. So beschreibt Pfarrer Samuel Engimann in seiner Schangnauer Chronik von 1801 bis 1804 sehr eindringlich die Waldschäden durch die Harzgewinnung: «Freffler beschleichen die Wälder, schneiden die saftigsten Tannen an, und wissen aus der geschlagenen Wunden mit einem runden Eisen das rohe Harz sehr geschikt aus zu kratzen und ihres aus Tannrinden gepfuschte Näpfly anzufüllen. Es ist sehr ungewiss, ob nicht an einem einzigen Morgen ein Harzfreffler einem Wald mehr Schaden zu füge, als ein Holzfreffler im ganzen Jahr. Dieser begnügt sich mit einer Tanne – jener bringt zwanzig, dreissig durch die geschlagenen Wunden um ihren Wachstum. Auch sind die Klagen über diese Art von Freffel häüffiger, als die über Holzfreffel, und um so viel begründter, weil der Harzer um eines äusserst kleinen Gewinstes willen, nur an einer einzigen Tannen, die Schaden seinem Nachbahr zufüegt. Jndessen sagt die Polizey nichts dazu, und der Harzer trägt sein gestohlen Gut hälen Tags zum Kauf.»
Nach dem Reiben, Erhitzen und Pressen blieben die festen Rückstände als ‹Ölkuchen› zurück. Er konnte ein weiteres Mal gerieben, erhitzt und gepreßt werden und diente schließlich als Kraftfutter für das Vieh. Die Preßrückstände der Baumnüsse waren für die Kinder jeweils ein besonderer Leckerbissen.
Der achtzigjährige Fritz Bucher aus dem Berner Seeland erzählte 1939 aus seiner Jugend: «Das han i albe z'erschtmal ghört, we d'Muetter het gseit: Fritz, du muesch mit Nuss i d'Öli. Der Nuss-Chueche, das isch halt öppis bsungerbarsch gsi für d'Bursch.» Die kleineren Geschwister seien nie so schnell und hilfreich zur Stelle gewesen wie beim Zurechtmachen des Nußfuhrwerkleins. Die Kinder schleppten einen Kinderwagen herbei, eines prüfte, ob der Korb noch fest in den Riemen saß, das andere holte das ‹Ölpintlein›, und das dritte brachte den Sack mit den Nußkernen und legte ihn ganz ‹süüferli› in den Wagen, wie wenn es ein Säugling wäre. Und dann bestürmten sie den großen Bruder: «Jetz gang no em Vatter ga chääre, dass er der Nusschueche nid löigi rybe, so hei mer umen öppis, für i d'Schuel z'näh!»
Wenn die Kinder im Herbst fleißig Nüsse gesammelt hatten, verzichtete der Vater gerne auf den zweiten Preßgang, um den Kindern eine Freude zu machen. Überhaupt

sei alles, was mit den Nüssen zu tun hatte, für die Kinder eine besondere Freude gewesen, weiß Bucher zu berichten: «Scho ds Brätsche het eim Freud g'macht. Dert derby het si de g'wise, wär uförchtig isch un uche darf i die gfährlige Bäum.» Die mutigsten Jungen kletterten in die Äste hinauf und schüttelten kräftig, so daß die Nüsse auf den Boden plumpsten, ‹brätschten›, daß es eine Freude war. Auch aufgelesen habe man gerne, denn jedes Kind wollte seinen Korb zuerst gefüllt haben und in den Keller hinunter tragen.
«Die acht Tag, wo si hei müesse dert nide blybe, gäb me se het chönne haale (schälen), hei u hei albe nid verby wölle.»
Nach ungefähr einer Woche waren die grünen Schalen so mürbe geworden, daß sie leicht zu entfernen waren. Auf der ‹Laube› wurden sie dann zum Trocknen ausgebreitet. Jeden Tag mußten sie mit dem Rechen gewendet werden: «Ds Nussrüehren isch widerumen Arbeit für üs Bursch gsi. Das het albe donnigs gchräschelet, we me mit em Rächeli isch derfür gfahre. U d'Vergässligi het's eim de abgwahnet, wohlmähl, süsch wäre die bruune Chrugelimutze sofort grau worde.» Weniger erfreulich sei es in nebligen, regnerischen Herbsten gewesen. Dann mußte die Mutter den Backofen einheizen, um die Nüsse zu dörren. Das habe weniger schmackhafte, harte Kerne ergeben: «Si hei halt ging es Abchüschtli übercho, u d'Chärne sy zum Aesse z'hert worde.»
Die dürren Nüsse wurden dann in Truhen abgefüllt und ruhten dort bis zur ‹Nusschnütschete› im Winter. Geknackt wurden die Nüsse auf einer großen Steinplatte. Die Knechte schlugen mit Hämmerchen sorgfältig die senkrecht gestellten Nüsse auf: «Me het si ging stötzlige müessen uftopple, wil d'Chärne so besser ganz blybe.» Die Mägde lasen die Kerne aus den Schalen.
«Zwöi Määss Nuss hei i der Öli e Druck ggä, u bimne Halbdotze (sechs) Liter Öl, oder wi me früecher grächnet het: vier Maass. Für Salat- u Spysöl git's nüt Fynersch weder Nussöl. Mit em gnau glychen Ygricht isch ja o Päps u Matt g'ölet worde. Vor em jetzige Chrieg (2. Weltkrieg) hei üser junge Lüt die zwo Pflanze nume no vom ghöre-säge gchennt, hingäge zu myr Buebezyt sy sie höch in Ehre gstange. Nume het me d'Mohnchölbe ‹Matthuttli› g'namset. Matt isch früecher i de Bühnen- u Flachspflanzige, wo ging o nes Acherli Rüebli het derzue ghört, als Zwüschefrucht i d'Rüebli gsäit worde. Ds Mattöl het o als fyns Chuchiöl ggulte, hingäge ds Räpsöl isch mehreteils i de Liechttäglen u hölzige Stall-Latärne verbrönnt worde. Ging, we ds Brönnöl isch usggange, het men umen e Druck, zwe müesse ga la mache. Räps het's da für nes Halbdotze Liter numen angerhalbs Määss gmanglet. Üsi grossi Ölpinte het zäh Maass gfasset, also bi vierzäche, füfzäche Liter, die chlyne Pintli, für druus i d'Tägle z'schütte, hei d'Grössi vo re Fläsche oder emne Schöppli gha.»
In den Alpentälern, zum Beispiel im Bündnerland, wurde das Speise- und Lampenöl hauptsächlich aus Leinsamen gewonnen: das jeli de sem-glin, wie es im Bündner Oberland genannt wurde. «Nach vielen Anfragen vom hinteren Tavetscher Talboden talwärts bis nach Dardin bevorzugen die Einheimischen die mit Leinöl angerichteten Fettspeisen und ziehen es selbst ihrer feinen Alpenbutter vor», berichtete der Volkskundler Pater Dr. Karl Hager vor dem ersten Weltkrieg.
Das Leinöl wurde häufig mit Rinder-, Schaf-, Ziegen- und Schweineschmalz vermischt zur sogenannten piaun d'jeli. Auch als Bindemittel für Anstrichfarben war es wegen seines Glanzes sehr geschätzt.
Das Ölen war eine harte Arbeit. Man war aufeinander angewiesen und half sich gegenseitig aus. Jede Familie brachte ihre Leinsamen zum Stampfen und Pressen in die Mühle. Die Arbeit wurde gemeinsam, mit Hilfe von Nachbarn und Verwandten, verrichtet, wobei ein Mitglied der Mühlenbesitzer-Familie die Arbeiten überwachte. Für die Benützung der Mühle wurde ein Naturallohn bezahlt. Der war von Ort zu Ort verschieden. In Gonda-Sedrun zum Beispiel hatte der Mühlenbesitzer Anrecht auf einen Ölkuchen pro fünf Preßgänge, auf das Öl eines Preßganges pro sechs Preßgänge (aber ohne den Ölkuchen),

<
Getriebe der Öle von Böttstein AG mit dem mannsdicken Wellbaum und den Kammrädern. Rechts im Bild die mit Rollen versehenen Hebenocken, die den Stampfpleuel in die Höhe befördern und auf den Keil niedersausen lassen.

Öle von Böttstein. In der Reibe mit dem Kollerstein wird das Preßgut zu einem Brei zerquetscht.

Im Vordergrund die Reibe, in der Mitte (rechts im Bild) die Ölpresse, im Hintergrund (Bildmitte) der Ofen mit Pfanne und Rührwerk.

oder auf das Öl eines Preßganges und einen Ölkuchen pro zwölf Preßgänge. Der Müller vom Val bei Couz-Disentis machte es einfacher: Er nahm auf zehn Preßgänge das Öl und den Kuchen des elften.
An sonnigen Septembertagen, so berichtet Pater Hager, seien die samentragenden Flachsbüschel auf Tüchern im Freien ausgebreitet worden. In der Sonnenwärme sprangen die Kapseln auf und gaben die kleinen, braunen Leinsamen frei. Die Frauen sammelten die Leinsamen ein und brachten sie zur Stampfe.
«Von den Morgenstunden bis in die tiefe Nacht dauert Tag um Tag die Arbeit in den Stampfmühlen und Öltorkeln der einzelnen Ortschaften. Familien um Familien wechseln ab und helfen sich aus. Besonders wenn intimere zukünftige Familienbande sich knüpfen, stehen ‹spus› und ‹spusa› und ihre nächsten Angehörigen helfend bei. Zuerst wird der gewonnene Leinsamen zu Mehl, der ‹pasta de sem-glin› gestampft. Eine Stampfbatterie von zwei bis vier Mörsern, die sogenannte ‹pela›, zerdrückt den Flachssamen. In jede Mörseröffnung schütten Frauen und Mädchen etwa zwei Liter trockenen Leinsamen. Die Stößel arbeiten nur vier bis fünf Minuten.»
Nach dem Stoßen der Leinsamen war die erste Pasta fertig, wurde aus der Mulde genommen und durch ein feinmaschiges Sieb tüchtig gerüttelt. Das durchfallende Mehl wurde in großen, runden Holzgelten gesammelt. Die im Sieb verbleibenden, noch nicht zerstampften Körner wanderten, zusammen mit neuen Leinsamen, abermals in den Mörser der Pela.
«So poltert die Leinsamenstampfe den langen Tag über, bis der ganze Samenvorrat einer Familie das erste Stampfverfahren durchlaufen hat. Ihm folgt das zweite. Vorerst gießen die Frauen auf eine courtauna (Viertel zu siebeneinhalb Liter) Leinsamenmehl eine Schüssel voll Wasser, kneten die Masse gut durch und fördern sie wieder in den Mörser. Jetzt bedarf es guter Überwachung der Teigmasse. Mit einem Holzspachtel wehrt die Arbeiterin dem Zusammenballen des Breis, und mit einer Handbürste löst sie den am Stößel haftenden Mehlbrei. In fünfzehn Minuten ist auch diese Knetarbeit jeweils im Mörser vollendet.» Auch nach diesem Knetvorgang wurde wieder gesiebt. Das Sieb war diesmal grobmaschig, mit einer Maschenweite von etwa einem Zentimeter. Durch dieses Sieben wird der Teig aufgelockert.
Aus diesem Teig konnte jetzt das kostbare ‹jeli purschal›, das kaltgepreßte ‹jungfräuliche Öl›, gewonnen werden. Man brauchte es vor allem zu medizinischen Zwecken. Der weitaus größte Teil des Breis wurde geröstet.
«Am Abend sitzt im gespenstisch erleuchteten Raum ein Mädchen am flackernden Feuerherd mit einer großen, flachen Pfanne, indes eine hohe Wellenstange über der Bratpfanne sich dreht. Die Welle hat am unteren Ende eine horizontal laufende Holzspachtel, welche die braune, dampfende Samenpaste in der Pfanne wälzt und kehrt. Das fünfzehnminütige Anrösten der Paste bewirkt, daß die heiße Masse das Öl unter Druck der Torkel besser abgibt. Ist die Röstzeit vorbei, so spannen zwei Personen ein kleines, festes Linnen an seinen Zipfeln. Die dampfende Masse wird darüber gegossen, das Linnen eiligst zum Wulst gedreht und in die Torkelmulde geschoben. Der Kelterpfropfen (Preßblock) wird aufgesetzt und die Spindel in Tätigkeit versetzt. Man steigert den Druck solange, bis das Öl den Kelterlöchern zu entströmen beginnt, läßt erst einige Minuten abfließen und erhöht nach kleinen Unterbrechungen den Druck. Jeder Torkelgang – eine vollgestrichene courtauna Leinsamenmehl – ergibt etwa einen halben Liter Öl. Der zurückgebliebene Ölkuchen wiegt zweieinhalb bis drei Kilogramm. Die Ölkuchen werden zerdrückt und in der pela gestampft. Das Produkt wird für die Kälbermast verwendet.»
Zum Pressen, meist nachts, sind inzwischen die Männer von den Äckern und Feldern gekommen, denn hier war ihre Kraft gefragt. Zu der Nachtarbeit verlockte die kräftigen Burschen auch das mitternächtliche ‹puschegn›, das Liebesmahl mit nachfolgendem Tänzchen, Scherz und Humor. Neben den Schraubentorkeln mit ihrem

Gewinde aus Hartholz gab es zum Teil noch primitivere Preßvorrichtungen: Ein langer Balken wurde zwischen den Kelterpfropfen und ein kräftiges Querholz eingeschoben und verkeilt. Dann setzten sich die Burschen auf das äußere Ende des Balkens, trieben dabei allerlei Schabernack und fanden noch Zeit, die Mädchen und Frauen zu necken.
Wie man im Mittelland noch bis ins zwanzigste Jahrhundert hinein mit Wasserkraft Öl gepreßt hat, führte uns der letzte Öler der Schweiz vor. Eduard Keller in Böttstein AG ist ein landesweit bekanntes Original. Rund hundert Schulklassen, Reisegesellschaften und andere Gruppen jährlich lassen sich von ihm die Geheimnisse einer alten Handwerkskunst vorführen. Das macht er jetzt genauso professionell wie früher das Ölen.
Keller ist stolz darauf, daß seine Öle noch tadellos funktioniert. «Könnte ich bei Ihnen Öl pressen lassen?», will ich von ihm wissen. «Selbstverständlich», meint er. «Aber ein paar Tonnen müßten Sie schon bringen.» Für eine kleinere Menge würde es sich nämlich gar nicht lohnen, die ganzen Einrichtungen in Betrieb zu setzen, den Kessel zu heizen und am Schluß den Mahlstein, den Preßtrog und alles übrige wieder blitzblank zu reinigen.
Zuerst kommt Keller auf sein Lieblingsthema zu sprechen: das ‹kaltgepresste› Öl, das angeblich so gesund sein soll. Mit der Gesundheit ist das so eine Sache. Für die einen ist dies gesund, für die anderen das. Er jedenfalls hat seinen eigenen Weg gefunden, um gesund zu bleiben: Er geht Sommer und Winter barfuß. «Ich war nie krank und habe nie Rheuma, mir ist es vögeliwohl», sagt er und tritt beiläufig in einen Busch Brennesseln, der am Wegrand wuchert. Das gehört zur Show. Ja, selbstverständlich gehe er auch in der Stadt barfuß, antwortet er auf die entsprechende Frage, und in Hotels habe er noch nie Schwierigkeiten gehabt, weil er eben nicht in den feinen Hotels absteige.
Echt kaltgepresstes Öl gibt es gar nicht. Denn kalt kann man nicht wirtschaftlich pressen – darum war das ‹jeli purschal› auch so teuer. Jede Öle war deshalb mit einer Feuerstelle ausgerüstet, um den Preßbrei so zu erwärmen, daß das Öl zum Auspressen genügend dünnflüssig war. Andernfalls wäre die Ausbeute viel zu gering gewesen. Dasselbe gilt für die modernen Ölpressen, die mit hydraulischem Druck arbeiten. ‹Kaltgepresstes› Öl ist also Öl, das etwas weniger stark erhitzt wurde.
Keller zieht an der Leine, um das ziemlich lädierte Wasserrad, das demnächst durch ein neues ersetzt werden soll, in Bewegung zu setzen. Dann kuppelt er das Getriebe ein – alles aus Holz: die Wellbäume, die Räder, die aus Maulbeerbaumholz geformten, zum Teil über hundert Jahre alten Zähne, die Stecken der Stirnräder, wo die Kraft vom waagrechten Haupt-Wellbaum auf die senkrechte Achse der Reibe und des Rührwerks übertragen wird.
Zuerst die Reibe: Der Kollerstein kollert auf seinem runden Bett im Kreis und walzt Bucheckern platt. Das heißt, früher waren es Bucheckern, auch Baumnüsse. Heute genügt zur Demonstration Sägemehl. In Münsingen zieht noch eine Art umgekehrter Pfadschlitten seine Spur und häufelt das Preßgut zu einem ringförmigen Wall vor dem malmenden Stein.
Der Preßbrei ist fertig gerieben, doch von Öl noch keine Spur. Zuerst kommt jetzt der dicke Brei in eine holzbefeuerte Steinpfanne. In ihr dreht sich, vom Rad getrieben, die Rührstange. Etwa eine Viertelstunde lang wird der Brei erhitzt, aber er darf nicht anbrennen. Das verhindern Rührwerk und prüfende Hand des Ölers. Fünfzig Grad sind richtig, der Öler hat das im Gefühl.
Keller packt den fertig erhitzten Preßbrei in ein vom Seiler handgeflochtenes, kräftiges Tuch aus Kuhschwanzhaar. «Jedes andere Material würde schnell kaputtgehen», meint Keller. «Ich habe es schon mit Roßschwanz versucht. Das reißt. So ein Tuch würde bei heutigen Preisen etwa tausend Franken kosten.»
Der Preßbrei, ins Tuch eingeschlagen, kommt jetzt in den eichenen Preßtrog. Mit mächtigen Keilen aus Hagebuche, vom

Preßtrog, mit Eisenreifen verstärkt. Der Druck wird mit Keilen erzeugt, die durch Stampfpleuel zusammengepreßt werden. Rechts, stärker herausragend, der Gegenkeil.

Preßdruck spiegelblank poliert, fixiert Keller das Paket. Dann löst er die Verriegelung des schweren Stampfstößels, der jetzt von den Hebeln des sich drehenden Wellbaums erfaßt, in die Höhe gehoben wird und dann mit mächtigen Schlägen auf den Keil plumpst. Der Öler hält spaßeshalber seinen Finger drunter und zieht ihn im letzten Moment weg. Auch das ein Teil der Show. Mit jedem Schlag sackt der Keil einige Zentimeter ab, drückt mit Tonnenkraft auf das Preßgut, und das Öl – falls echtes Preßgut im Trog ist – beginnt zu tröpfeln und dann zu fließen.
«Während dem zweiten Weltkrieg haben die Kinder im Wald Buchnüßchen gesammelt. Bis hundert Kilo pro Familie kam so zusammen, und das gab zwanzig bis zweiundzwanzig Liter feines Öl, nicht rationiert.» Und mit schelmischem Augenzwinkern fügt Keller bei: «Das wäre heute noch gesund. Das Auflesen, meine ich.»
Die Öle von Böttstein, die letzte der Schweiz, war noch bis 1963 in Betrieb. «Ich habe hier in den Kriegsjahren zweihundertfünfzigtausend Liter Öl gepreßt», erinnert sich Keller. In der Hochsaison gab es Vierzehnstunden-Tage. Gepreßt wurde hauptsächlich Mohnsamen und Walnüsse. Die Kunden haben jeweils auf das Öl gewartet. «Da wurde nachts oft durchgefeiert, und mancher hatte mehr Öl am Hut als im Kännchen», weiß der Öler zu berichten.
Der Preßvorgang ist fertig, der Preßkuchen ist ausgedrückt, die Keile sitzen fest wie zusammengewachsen. Keine Kraft der Welt könnte sie wieder herausziehen. Aber ein simpler Trick macht's möglich. Ein einziger Schlag mit dem Stößel auf den umgekehrt angeschrägten Gegenkeil genügt, und die Keile sind wieder locker.

Renoviertes oberschlächtiges Wasserrad in einer Kaverne der unterirdischen Mühle von Col-des-Roches. Die senkrechte Eisenstange überträgt die Kraft auf das darüberliegende Mahlwerk.

>
Die Schlucht von Col-des-Roches. Im Vordergrund ein Mühlrad als Wahrzeichen. Es stammt allerdings nicht aus der unterirdischen Mühle.

Die unterirdischen Mühlen von Col-des-Roches

Das Hochtal von Locle bildet ein allseitig geschlossenes Becken. Die Wasserläufe sammeln sich in einem Flüßchen, dem Bied du Locle. Sein Wasser versickert bei Col-des-Roches in unterirdischen Karsthöhlen und ergießt sich auf der anderen Seite des Gebirgszuges in den Doubs, der die Grenze zu Frankreich bildet. Hier befindet sich der wohl einmaligste Mühlenschauplatz in ganz Europa.
Der Name des Ortes entbehrt nicht einer gewissen Pikanterie. Im achtzehnten Jahrhundert hieß er nämlich noch ‹Cul des Roches› (etwa: Fels-Arsch), was den prüden Bürgern der Gegend nicht paßte. Nach dem Motto «lieber falsch als deftig» machten sie aus dem Cul einen Col, obwohl es dort gar keinen Paß gibt.
Die Gegend um Le Locle besitzt eine alte Handwerkertradition. Schon vor dreihundert Jahren wurden hier Schuhe und Strümpfe, Schnallen, Klöppelspitzen und ähnliches hergestellt, aber auch Waffen und Uhren. Eine Anzahl von Mühlen und Sägereien nutzten die Wasserkraft des Bied.
Da der unterirdische Abfluß des Bied du Locle nur eine begrenzte Menge Wasser schluckte, kam es bei Schneeschmelzen und starken Regengüssen oft zu Überschwemmungen. Als drei Locler Bürger im Jahre 1651 um eine Mühlenkonzession am Cul des Roches ersuchten, versprachen sie, bei der Gelegenheit auch für einen besseren Abfluß zu sorgen. Zwei von ihnen erhielten die Konzession, in der Grotte von Cul des Roches eine Mühle mit zwei Rädern zu bauen und zu betreiben.
Die dritte Familie, die Sandoz, ging leer aus. Doch als Jonas Sandoz Steuereinnehmer wurde, benützte er seine Beziehungen zur Obrigkeit, um seine Konkurrenten auszubooten. Er warf ihnen vor, sie hätten die Sanierung des Abflusses nicht wie versprochen zustandegebracht.
Tatsächlich drang er mit seinen Argumenten durch und erhielt 1660 eine Konzession für vier Mühlen und zwei Stampfen.
Da hatte er sich allerdings ein Riesenprojekt aufgeladen. Die Kosten für die Erweiterung der Grotten müssen enorm gewesen sein. Die natürlichen Spalten im massiven Fels wurden in zehnjähriger Arbeit so erweitert, daß insgesamt sechs oberschlächtige Räder mit Durchmessern zwischen vier und sechs Metern in ihnen Platz fanden. Gleichzeitig

MUHLEN-AKTIENGESELLSCHAF

mußte dafür gesorgt werden, daß das Wasser unten abfließen konnte. Zum Unterhalt der Lager und Getriebe mußten zahlreiche begehbare Stollen und Galerien in den Fels gehauen werden, und das von Hand, denn Preßlufthämmer gab es damals noch nicht. Tatsächlich hatte Sandoz sich finanziell übernommen. Der Mühlenbetrieb deckte die Investitionen bei weitem nicht. Sandoz ging 1690 Konkurs.
In den folgenden zweihundert Jahren wechselte der Mühlenkomplex nicht weniger als achtzehnmal den Besitzer. Besonders erwähnenswert sind Jean-Pierre Contesse, der um 1830 herum sogar eine unterirdische Säge baute, und Jean-Georges Eberlé, der 1842 ein imposantes Gebäude mit drei damals hochmodernen Mahlwerken ‹à l'anglaise› aufstellte.
Die unterirdischen Mühlen von Col-des-Roches, wie der Ort inzwischen schamhaft hieß, waren eine Touristenattraktion des achtzehnten Jahrhunderts. Unter den Besuchern aus ganz Europa befanden sich so illustre Persönlichkeiten wie der Dichter Hans-Christian Andersen, der die Mühle in einem seiner Romane verewigte.
Auch die Modernisierung durch Eberlé brachte die Mühlen nicht zum Florieren. Der ganze Komplex wurde 1884 von der Gemeinde Le Locle gekauft, und zwar einzig, um endlich den Abfluß des Bied sanieren zu können. Im Jahre 1894 wurde in dem Gebäude ein Grenzschlachthof eingerichtet. Solche Schlachthöfe dienten im Zeitalter vor den Tiefkühlwagen dem Fleischimport. Bis zur Grenze kamen die Tiere lebend an und wurden dann wegen Seuchengefahr gleich an der Grenze geschlachtet.
Die Mühlengrotten füllten sich im Lauf der Jahre mit Tonnen von stinkenden Schlachtabfällen. Als der Grenzschlachthof 1966 stillgelegt wurde, wagte sich kaum noch ein Mensch in die Nähe des infernalisch stinkenden Ortes, wo Ratten und Ungeziefer hausten.
Am 21. Juni 1973, der Gestank hatte sich im Laufe der Jahre etwas gelegt, trafen sich sechs Bürger von Le Locle in der Grotte und beschlossen, die alten Mühlen zu restaurieren. Sie gründeten die ‹Confrérie des Meuniers du Col-des-Roches›. Vom Mahlen verstanden sie zwar nichts, um so größer war aber ihre Begeisterung. Mit ihrem Enthusiasmus steckten sie auch zahlreiche Geldgeber an. Die Stadt Le Locle steuert eine jährliche Subvention von 10000 Franken bei, die restlichen 15000 bis 20000 Franken werden von privaten Gönnern aufgebracht. Örtliche Unternehmen der Bau- und Transportbranche halfen mit Materiallieferungen und Lastwagenfahrten. Tausende von Arbeitsstunden wurden gratis geleistet.
Bei Drucklegung dieses Buches waren die Restaurationsarbeiten im vollen Gang. Bereits dreht sich wieder ein oberschlächtiges Wasserrad in einer der unterirdischen Grotten. Sein Getriebe stammt aus der abgebrochenen Mühle Develey von Vaulion VD. Der Einbau von weiteren Einrichtungen ist geplant.

Thurgau • Ges... tauflage 82 589

Schwimmendes Objekt in der Murg

Postauto-Angebot nach Warth

Erinnerung an ein zauberhaftes kleines Kunstwerk.

Mühlenkultur

An einem Samstag, übliche Einkaufshetze, noch schnell ein Gang zur Post, blieb ich auf der Murgbrücke stehen und betrachtete ein Schauspiel, das mich die Zeit vergessen ließ: Am Fuße des Schloßhügels mit dem Wahrzeichen von Frauenfeld war in der Murg eine kleine Schiffsmühle vertäut, ein schwimmendes Kunstwerk im Stil von Tinguély. Angetrieben von einem unterschlächtigen Wasserrädchen bewegte sich langsam, unendlich langsam, ein Schwenkarm, an dessen Ende eine Kanne baumelte. Im Zeitlupentempo tauchte die Kanne ein, schöpfte einige Liter Wasser aus der träg dahinfließenden Murg, zog die Kanne wieder heraus, hob sie empor. Fast schien sie stillzustehen, schwebte unschlüssig. Aber nein, der Arm bewegte sich weiter, wurde schneller, und schließlich leerte ein Schnurzugmechanismus die Kanne aus, zurück in die Murg. Und dann begann das faszinierende Spiel wieder von vorn.
Noch am gleichen Tag rief ich Kazuyuki Kitamura an: Das müssen wir unbedingt fotografieren, bei der nächsten Fototour in

<
Erinnerungsbild aus den letzten Tagen der Mühle von Thun.

Hängende Mehlschächte in der Mühle von Thun: vor dem Abbruch noch etwas Kunst.

>
Letzter Zeuge der unteren Säge von Stansstad NW: ein mächtiges unterschlächtiges Wasserrad mit einem Radhaus.

die Ostschweiz. Aber das sollte leider nicht sein. Nach einem Sturm lag das schwimmende Objekt schief und havariert in seinen Tauen. Zu spät. Nur ein Zeitungsausriß in meinen Akten blieb von der zauberhaften kleinen Mühle übrig.
Mühlen treiben nicht nur auf dem Wasser. Manchmal heben sie auch vom Boden ab, wie die 1985 zum Flugzeug der ‹Crash Air› umgebaute Kulturmühle Hunziken in Rubigen BE. Dort begrüßte Co-Pilot Leuenberger alias Franz Hohler seine Gäste zum beklemmenden ‹Flug nach Milano›, der auch vom Schweizer Fernsehen DRS übertragen wurde.
Unweit von Rubigen, in Thun, ist ein Kulturmühleprojekt am Unverständnis der Bürger gescheitert. Das riesige alte Gebäude wurde als ‹nicht schützenswert› beurteilt, abgebrochen und machte einem Projekt mit Grünanlage, Markthalle und öffentlichem WC Platz, für insgesamt über sieben Millionen Franken. Böse Zungen lästerten über das ‹teuerste Scheißhaus Europas›.
Vor dem Abbruch der Mühle zeigten die Künstler Res Althaus, Vaclav Bodzarek, Reto Camenisch, Hanswalter Graf, Paul Le Grand, Ruedi Guggisberg, Wilfried von Gunten, Regula Häner, Christian Helmle, Jakob Jenzer, Lilly Keller, Leonardo Mosso, Christoph Rihs und Peter Willen, was aus der Mühle hätte werden können: Ein Freiraum für Künstler, offen für Experimente, für Kreativität und Begegnung.
In den weitläufigen Räumen der Mühle, insgesamt 3870 Quadratmeter, mieteten sich Atelierkünstler ein, probten Musiker, übten Fechter, verkaufte ein «Mühlenlädeli» handgestrickte Pullover, hielt eine ökumenische Vereinigung Andachten, zeigte die Universität Bern eine Wanderausstellung, um nur einige Aktivitäten zu nennen. An genau 8013 Neinsagern scheiterte das alles.
Am bekanntesten, in der Schweiz wie im Ausland, ist die Kulturmühle im Gotthelf-Dorf Lützelflüh. Der prachtvolle Emmentaler Bau mit seinem fast quadratischen Grundriß, drei Ründen, der umlaufenden Außengalerie, geschnitzten Streb- und Stützpfeilern und dem mächtigen Walmdach – gedeckt mit 22100 Biberschwanzziegeln – ist ein Monument der traditionellen bäuerlichen Kultur (siehe auch S. 108f.).
Seit 1972 weht in der Kulturmühle Lützelflüh ein anderer Geist: weltoffen, bisweilen etwas esoterisch. Konzerte, Vernissagen moderner Künstler, Flamenco, arabische Gedichte, Fernöstliches, ‹totales Theater›, ‹Child Drama›, Wochenendkurse und Seminare stehen auf dem Programm.
Child Drama: Das ist eine pädagogische Methode, die sich vom herkömmlichen Kindertheater, aber auch von psychologischen Rollenspielen unterscheidet. In der Kulturmühle Lützelflüh lernen Pädagogen oder Künstler mit einer abgeschlossenen Ausbildung diese Methode in einem einjährigen Kurs.
Die Konzertsängerin und Musikpädagogin Jolanda Rodio baute die Mühle in den Jahren nach 1972 zu einem Kulturzentrum aus, um dort ihre Pläne für eine Erwachsenenbildung verwirklichen zu können. 1981 wurde die Kulturmühle in eine Stiftung umgewandelt.
Auszug aus dem Grundkonzept: «Die Kulturmühle Lützelflüh will ein Ort der kulturellen Begegnung und Auseinandersetzung sein. Sie ist künstlerischer Arbeit auf hohem Niveau verpflichtet. Zentrales Anliegen ist der offene kulturelle Austausch zwischen Kunstschaffenden und Kunstinteressierten jeder Richtung aus der Region, der ganzen Schweiz und dem Ausland.»
1986, mit hundertfünfzigtausend Franken Defizit, erarbeitete die Stiftung ein neues Betriebskonzept. Brigitte Schildknecht, studierte Wirtschaftswissenschaftlerin, Tänzerin und Choreographin, wurde neue künstlerische Leiterin der Kulturmühle. Daneben wurde die Stelle eines administrativen Leiters geschaffen. Jolanda Rodio ist Leiterin der Child-Drama-Seminare.
Der Bevölkerung sind die kulturmüllerischen Aktivitäten nicht ganz geheuer. Eine gewisse Entfremdung zwischen Dorf und Mühle stellte die Berner Zeitung in einer Umfrage fest. Auch Jakob Bärtschi, Präsident des Verkehrsvereins Lützelflüh, meinte gegenüber der Zeitung, «daß das Ver-

Letzte Zeugen an einer Hausfassade in Neftenbach ZH: Radsymbol (oben) und Mühlstein (unten).

>
Freistehendes unterschlächtiges Stauberrad in Rothrist AG.

hältnis zwischen der Kulturmühle und der Gemeinde verbesserungswürdig ist.» Er lud deshalb Brigitte Schildknecht ein, die Erst-August-Rede 1986 zu halten. Sie stand unter dem treffenden Motto: «Wer das Fremde nicht akzeptieren kann, weiß das Eigene nicht zu schätzen.»
Auch die Stadt Zürich hat seit Herbst 1986 ihre Kulturmühle: die Wehrli-Mühle in Tiefenbrunnen. Ursprünglich eine Brauerei, ist der rotgelbe Backsteinbau schräg gegenüber dem Bahnhof eine Handelsmühle. Als Kraftquelle für die Großmühle diente nicht ein Wasserrad, sondern ein 140-PS-Elektromotor. Über ein kompliziertes System von Transmissionsriemen trieb er den gesamten Maschinenpark auf drei Stockwerken. Die Einrichtung ist heute ein Museum, das ‹Mühlerama›.
Die Familien-AG Wehrli, ein alteingesessenes Zürcher Müllergeschlecht, betrieb die Mühle bis 1983. Nach Betriebsverlegung ins Luzernische ließ die Firma das schloßähnliche Gebäude für 36 Millionen Franken umbauen. Neben 24 Wohnungen, teils in einem Reihen-Einfamilienhaus gelegen, und dem ‹Mühlerama› gibt es ein ‹Miller's Studio›, eine Halle zum Musizieren, Theaterspielen, Tanzen und ähnliche Aktivitäten. Auch Kunstgalerien, Tanz- und Musikschulen und zahlreiche Gewerbebetriebe – von der Werbeagentur bis zum Möbeldesigner – sind in der Mühle Tiefenbrunnen angesiedelt.
Die kulturellen Unternehmungen erhielten jedoch schon bald nach der Eröffnung einen Dämpfer. Die Veranstalter des ‹Miller's Studio› hatten offenbar das reichhaltige Konzertangebot in Zürich unterschätzt. Nach einem Loch in der Kasse platzte ein geplantes Musical-Gastspiel, der Studio-Direktor wurde entlassen, und das Programm mußte neu überdacht werden.
Kultur hat es also nicht leicht. Um so erfreulicher ist es, daß auch anderswo alte Mühlen zu neuen Kulturzentren umgebaut werden. Beispielsweise in Dübendorf, wo der Gemeinderat am 27. Oktober 1986 einstimmig beschloß, in der Oberen Mühle für 4,6 Millionen Franken ein Kulturzentrum mit Kleintheater, Cafeteria und Vereinsräumen einzurichten. Auch das alte Wasserrad soll restauriert werden.
Sogar eine ‹Sportmühle› gibt es: In Dürrenäsch entstand schon vor Jahren aus einer alten Ölmühle ein modernes Trainingscamp für junge Sportler, mit Küche, Schlafzimmern und Tischtennisraum. Bei der Restaurierung der alten Einrichtungen, die unter Denkmalschutz stehen, legten Fußball-Junioren mit Hand an.
Die weitaus meisten Mühlen, sofern sie samt Wasserrad überleben, enden als Restaurant oder Museum. Einige Mühlenrestaurants sind in diesem Buch vorgestellt, andere möge der Leser selber entdecken und zu einer Rast mit Besichtigung des Wasserrades verweilen.
Viele restaurierte Mühlen oder Sägen sind heute als Freilichtmuseen zugänglich und können nach Voranmeldung besichtigt werden. Gelegentlich werden sie zu Demonstrationszwecken in Betrieb gesetzt. (Ein Verzeichnis der wichtigsten Mühlen-Museen findet sich im Anhang, S. 173.)

Die letzten Zeugen

Man sieht sie allenthalben in unserem Land: Mühlsteine, an eine Hausecke gelehnt, als Einfahrmarkierungen zu Parkplätzen, in Pflästerungen eingelassen oder einfach achtlos irgendwo beiseitegeschoben, da zu schwer für den Abtransport. Sie sind die letzten Überbleibsel alter Mühlen, ihre Masse trotzt dem sauren Regen, wo alle Räder längst vermodert oder im Ofen verfeuert sind.
Räder als Mühlen-Relikte sind seltener, denn sie brauchen Pflege. Aufgebockt als Gartenschmuck oder als unermüdlich sich im Leerlauf drehende Objekte fristen sie ein zweites Dasein, Publikumsattraktion für private Gäste oder Restaurantbesucher.
Eine wahre Odyssee hat zum Beispiel das weitherum bekannte Rad der Trichtenhausermühle beim Restaurant gleichen Namens im Wehrenbachtobel auf dem Zollikerberg bei Zürich hinter sich. Das Rad mit einem Durchmesser von viereinhalb Metern diente einst als Antrieb einer Mosterei im Raad bei Gibswil im Zürcher Oberland. Später

>
Mittelschlächtiges eisernes Wasserrad der alten Schmiede von Romainmôtier VD (siehe S. 96).

Seite 66 und 67: Mühlräder als Restaurant-Attraktion: Restaurant ‹Müli› in Niederlenz (S. 66) und in Mülligen AG (S. 67).

tauchte es bei einer Schulhauseinweihung in Wernetshausen, Gemeinde Hinwil, auf und stand dann verlassen vor einer Scheune in Orn am Bachtel. Dort entdeckte es der Wirt der Trichtenhausermühle, der als Attraktion für seine Gäste nach einem Rad Ausschau hielt. Die ursprünglichen Räder der Mühle und Säge Trichtenhausen waren in den zwanziger Jahren abgebrochen worden.
Nachdem das Rad in Zollikerberg angekommen war, vergingen wieder einige Jahre, bis Geld und guter Wille für die Restauration beisammen waren. Jetzt dreht es sich, angetrieben von Wasser aus einem ebenfalls wieder hergerichteten Mühlenweiher, unter einem schützenden Dach neben der Gartenwirtschaft.
Ein ähnliches überdachtes Rad dreht sich seit ungefähr zwanzig Jahren beim Feldmühle-Schulhaus in Kriens LU. Es stammt von einer alten Knochenmühle. In Diessenhofen ließ der Sägereibesitzer bei Verlegung und Neubau seines Betriebes das alte eiserne Wasserrad an seinem Standort stehen.
Auch das alte unterschlächtige Wasserrad der unteren Säge in Stansstad, direkt an der Straße nach Engelberg gelegen, hat seinen ursprünglichen Betrieb überlebt. Der Säge war auch eine Ölmühle angegliedert. Das alte Gebäude entging beim Franzosenüberfall seinerzeit der Feuersbrunst, weil in dem Gebäude französische Truppen einquartiert waren.
Weitere freistehende Wasserräder sind unter anderem im Stadtpark von Wil SG, auf der öffentlichen Anlage Mühlehof in Ebikon LU, im Industriegebiet von Rothrist AG und in Jaun FR zu bewundern.

Mühlenlandschaft Schweiz

Teil 4

Die Mühlen des Wallis

St. Luc

Eine gute Viertelstunde von St. Luc entfernt, an einem Südwesthang in einem Seitentälchen des Val d'Anniviers, findet sich eine erstaunliche Ansammlung von fünf Mühlen (drei Getreidemühlen, eine Stoffwalke und eine Ölmühle) und einem Müllerhäuschen aus dem Jahre 1793. Die Mühlen wurden als Freilichtmuseum restauriert und im August 1986 als Touristen-Attraktion eingeweiht. In der Sommersaison sind sie gelegentlich in Betrieb, dabei gibt es in kleinen Mengen Mais-, Roggen- und Weizenmehl zu kaufen.

In vergangenen Zeiten wurde der Posten des Müllers, ‹le mouni›, jeweils an der Bürgerversammlung am Tag des Heiligen Antonius, Mitte Januar, vergeben. Drei- bis viermal pro Jahr hatte er das Mehl für alle Familien des Dorfes zu mahlen. Dann wohnte er in dem kleinen Müllerhäuschen, das sehr spartanisch eingerichtet war: Neben dem Bett befand sich darin eine kleine Kochstelle, ein Ofen und eine Truhe, in die der Müller mit einem besonderen Maß, ‹fesseling›, seinen Mahllohn in Form von Korn schöpfte.

Die Mühlen von St. Luc sind kleine Blockhäuschen von etwa vier mal vier Meter auf gemauerten Steinsockeln und mit Pultdach aus Schindeln gedeckt. Außer der Stoffwalke werden sie alle mit Stockrädern angetrieben, die sich in der gemauerten Wasserstube unterhalb dem Mühlenhäuschen befinden. An der senkrechten hölzernen Achse sind jeweils etwa zwanzig leicht schräggestellte Brettschaufeln angebracht. Im unteren Lager läuft Stein auf Stein. Die Drehung wird über einen Eisendorn (Mühleisen) auf den Mühlstein übertragen.

Die oberste und kleinste Mühle dient zum Mahlen von Mais. Danach kann das Wasser mit einem Schieber zu der Stoffwalke oder zu der oberen der beiden Getreidemühlen geleitet werden.

Die Stoffwalke besitzt ein kleines unterschlächtiges Wasserrad, nur anderthalb Meter Durchmesser und dreißig Zentimeter breit. Ein kräftiger Vierkantbalken bildet die Achse. Er trägt Nocken, die die Walkeinrichtung in Bewegung setzen. Das fertig gewebte Tuch war steif und rauh, es eignete sich deshalb in seiner rohen Form nicht zur Herstellung von Kleidern. Zuvor mußte es eben gewalkt werden, damit es geschmeidig wurde.

Die unterste und zugleich älteste der fünf Mühlen ist eine ‹Reibe› mit einem rundlichen Läufer, der auf dem Grundstein nach dem Kollerprinzip im Kreise läuft. Diese Technik wurde andernorts auch zum Hanfreiben eingesetzt.

Hier diente sie als ‹Öle› zum Nußpressen. Diese Öle zeugt von einem starken Streben der früheren Einwohner nach wirtschaftlicher Unabhängigkeit. Nüsse wuchsen in den Bergen nicht, man kaufte sie bei Bauern aus den tiefergelegenen Regionen, in Veyras oder in Niouc. Das Öl, das aus diesen Nüssen gepreßt wurde, diente für alle erdenklichen Zwecke: zum Kochen, mit Kräutern angesetzt zum Einreiben bei mancherlei Krankheiten, zum Beleuchten der Wohnräume.

In der untersten Mühle befand sich auch eine Reibe zum Entspelzen der Gerste, ‹l'ourzo›, wie sie im hiesigen Dialekt heißt. Eine Holzstütze sorgte für ausreichenden Zwischenraum zwischen den Mühlsteinen, so daß die Gerstenkörner nicht zerquetscht wurden. Sie waren ein Bestandteil

Die unterste von fünf Mühlen in St. Luc ist eine Gerstenreibe, angetrieben von einem Stockrad. Die Frucht wird nicht gemahlen, sondern nur entspelzt. Der Rechen verteilt die Frucht gleichmäßig.

<
Alte Mühle von Grimentz VS. Das oberschlächtige Wasserrad mit Doppelkreuzspeichen trieb einst eine Stampfe.

der nahrhaften Gerstensuppe oder des Gemüse-Eintopfs mit Siedfleisch.
Neben den renovierten Känneln liegen am Hang noch die letzten verrotteten Überreste der alten, ausgehöhlten Baumstämme und einige Mühlsteintrümmer aus längst vergangenen Tagen.

Einweihung der renovierten Mühlen von St. Luc am 1. August 1986: Technik zum Anfassen.

>
Renovierte Stoffwalke von St. Luc VS mit kleinem unterschlächtigem Wasserrad. Der Kännel im Vordergrund lenkt das Wasser mit großem Gefälle und daher großer Geschwindigkeit zur ‹Moulin rapide›. Sie ist mit einem Stockrad ausgerüstet und dient der Herstellung von Roggen- und Weizenmehl.

Grimentz

Am südlichen Dorfeingang, direkt am Bergbach, der sich im Tal unten mit dem Flüßchen Gougra vereinigt, steht die malerische, wohl meistfotografierte Mühle des Wallis, *le vieux moulin de Grimentz*. Der Wasserstrahl aus dem typischen Baumstammkännel, der hier durch Gabelständer gestützt ist, ergießt sich in freiem Fall aus etwa einem halben Meter Höhe auf das Rad. Man könnte diese Betriebsart als «überschlächtig» bezeichnen; das Wasser wirkt hier nicht so sehr durch sein Gewicht, wie dies beim oberschlächtigen Rad der Fall ist, sondern durch den Druck des fallenden Wasserstrahls. Schindeln schützen die Südfassade, an der sich das Rad befindet, vor dem Spritzwasser.
Das Rad mit einem Durchmesser von anderthalb Metern, einen halben Meter breit, hat einst eine Stampfe angetrieben. Unter dem renovierten, gemauerten Fundament des alten Blockbaus sind noch die Überreste zweier vertikaler Stockräder zu entdecken. Sie liegen heute trocken und trieben einst zwei Mahlwerke, die noch vorhanden sind. Das vertikale Rad läuft heute leer. An seiner kräftigen Vierkantwelle sind noch die Nocken vorhanden, die einst Stampfstößel in die Höhe hoben. An altem Mühleninventar ist noch eine Mehltruhe vorhanden.

Törbel

Am Törbjer Bach standen einst drei Stockmühlen. Eine davon war allerdings nachweislich gar nie in Betrieb. Im Jahre 1984, als sich Fachleute des Schweizerischen Freilichtmuseums Ballenberg zu einer Rettungsaktion in letzter Minute entschlossen, waren sie in einem desolaten Zustand: Die beiden oberen Mühlen waren zum großen Teil schon verschüttet; ihre Überreste mußten mit viel Mühe ausgegraben werden. Die unterste Mühle war ebenfalls sehr baufällig, und es schien nur noch eine Frage der Zeit zu sein, bis sie das Schicksal der beiden anderen teilen würde.
Im Herbst 1984 wurden die ausgegrabenen Trümmer auf dem Schulhausplatz von Törbel sorgfältig sortiert, vermessen, numeriert und anschließend nach Brienz transportiert. Die unterste Mühle wurde an Ort und Stelle renoviert. Im Herbst 1985 konnte das Mahlwerk zum erstenmal wieder in Betrieb genommen werden; es verarbeitete eine Handvoll Roggen aus den umliegenden Feldern zu dem rauhen Mehl, aus dem früher die typischen Walliser Brote gebakken wurden.
Die oberste Mühle wurde im Freilichtmuseum Ballenberg nach altem Vorbild rekonstruiert. Dabei konnten die Handwerker von den Erfahrungen bei der Restauration in Törbel profitieren.
Das Wasser wird bei den Törbjer Stockmühlen über eine steile Druckleitung aus Holz auf das Rad geleitet. Unweit von Törbel, im Kraftwerk von Mattmark, ebenso natürlich in allen anderen Wasserkraftwerken im Hochgebirge, bedient man sich des gleichen Prinzips, natürlich in einer viel größeren Dimension ... Auch in den Stockmühlen von Törbel fehlt die abschließende Düse nicht, die den Wasserstrahl präzise auf die Radschaufeln lenkt.
Angesichts dieser raffinierten Wasserführung erstaunt dann allerdings die primitive Machart des Rades. Es besteht aus einem horizontalen Felgenring mit vier Speichen, der an seiner Oberseite 16 kleine gerade Brettschaufeln trägt. Der Wirkungsgrad ist denn auch sehr gering. Messungen haben ergeben, daß bei einem allerdings bescheidenen Wasserverbrauch von weniger als 30 Litern pro Sekunde bloß einige Kilogramm Mehl pro Stunde gemahlen wurden. Andernorts haben sich die Handwerker durchaus etwas einfallen lassen, um den Wirkungsgrad ihrer Räder zu verbessern. In den Mühlen von Gordevio und Dandrio TI (S. 74) sind die Schaufeln der Stockräder

Selkingen: die letzten Notizen des Müllers. Die automatische Abstellvorrichtung der Mühle von Selkingen mit Schnurzug und Riegel (jetzt durch kleinen Keil blockiert, da sich kein Mahlgut im Trichter befindet). Die geknickten Schaufeln des Selkinger Stockrades nützen die Kraft des Wassers etwas besser aus.

löffelförmig geschnitzt. Auch aus den inzwischen zerfallenen Mühlen von Rabius (Mulin Crap) und Disentis sind noch Räder mit solchen Löffelschaufeln erhalten. Sie nehmen das Prinzip der Pelton-Turbine schon vorweg, die mit ihrem ausgeklügelten Schaufelprofil immerhin einen Wirkungsgrad von 90 Prozent erreicht. Soviel liegt bei einem handwerklich erstellten Wasserrad natürlich niemals drin.
Je kleiner das Mühlrad, desto größer wird der Anteil der Reibungsverluste. Bei Stockrä-dern ist vor allem das untere Radlager wichtig, auf dem das ganze Gewicht des Rades, des Wellbaums bzw. Spindelstocks (Mühleisen) und des oberen Mühlsteins (Läufer) ruht. Bei den Stockmühlen von Törbel sind das Lager und der darin sich drehende Achszapfen aus Quarz. Als Schmiermittel dient das Wasser.
Unter dem Mühlenstuhl befindet sich ein Sichterschlagwerk. Diese Einrichtung setzt ein leicht geneigtes Langsieb in rüttelnde Bewegung. Das Mehl fällt durch das Sieb in den Mehltrog, während die groben Rückstände und die Kleie über das Sieb in den ‹Grüschetrog› rutschen.

Naters

Die Mühle von Naters wurde 1984 am alten Standort abgebrochen und anschließend im Freilichtmuseum Ballenberg wieder aufgebaut.
Das Wasserrad mit seinem kräftigen, vierkantigen Wellbaum und den typischen Doppelkreuzspeichen hat einen Durchmesser von etwa zweieinhalb Metern. Seine Wangen sind mit Eisenreifen verstärkt. Der eiserne Achszapfen läuft auf einem Lager aus Stein.
Solche relativ kleine, unterschlächtige Wasserräder dienten im Wallis meistens zum Antrieb von Stampfen. An dem vierkantigen Wellbaum waren im Innern Nocken oder ‹Daumen› angebracht, die einen Hebel in Bewegung setzten. Zum Mahlen von Getreide wurden dagegen meistens Stockräder verwendet.

Selkingen (Mühle)

In der Mühle von Selkingen hängen noch, wie gestern auf das kaum vergilbte Papier gekritzelt, die Notizen von Hubert Walpen an einem rostigen Nagel: «1981 Okt . . . 23 Walther Fiktor 30 Ger, 23 Walther Erwin 25 Ger, 29 Gharbomay Theo 78 Ger + 56 R, 29 Walther Albert 115 + 105–91 = 249.»
Gerste und Roggen hat er also bis kurz vor seinem Tod noch gemahlen, in kleinen Mengen, der alte Müller Walpen. Und seine letzte Rechnung gibt noch ein letztes Rätsel auf. Seither steht die Mühle still.
Stolz zeigt uns Frau Walpen die sinnreiche Einrichtung, die ihr Mann ausgetüftelt hat, um zu verhindern, daß die Mühle leerläuft und sich die Steine dabei stumpfschleifen.
Im Schütttrichter, wo sich der Kornvorrat für den Mahlvorgang befindet, ist unten eine drehbare Klappe angebracht. Es ist ein Holzbrettchen, das durch das Korn nach unten gedrückt wird. Eine Schnur zieht diese Klappe nach oben, sobald der Kornvorrat so klein geworden ist, daß sein Gewicht nicht mehr ausreicht, um den Gegenzug der Schnur auszugleichen. Dieser Gegenzug entsteht durch das Gewicht eines Hebels, der über den Schnurzug via zwei Umlenkrollen mit der Klappe verbunden ist. Der Hebel verriegelt eine Stange, die mit dem Wasserschieber verbunden ist. Wenn nun das Korn ausläuft, geht die Klappe hoch, der Hebel fällt nach unten, der Schieber fällt in den Kännel und staut das Wasser (siehe auch Dandrio, S. 73).
Das Wasser fließt seitlich über den Kännelrand weg und gelangt nicht mehr auf das Rad.
An dem Blockhaus, das auf einem neubetonierten Sockel ruht, steht die Jahreszahl 1830. Die Mühle steht genau über dem Wallibach, der durch zwei Tore unter der Mühle durchfließt. Das Stockrad ist noch funktionstüchtig, seine Schaufeln sind leicht geknickt, was einen etwas besseren Wirkungsgrad ergibt als bei den normalen, geraden Brettschaufeln. Das Rad befindet sich an einer langen eisernen Achse etwa zwei Meter unter dem Mühlenboden. Der Kännel ist aus Brettern zusammengefügt

und hat einen Querschnitt von etwa 20 mal 20 Zentimetern.

Selkingen (Säge)

Auf der anderen Seite der Straße, unterhalb der Brücke, die über den Wallibach führt, steht die alte Säge von Selkingen. In dem schmalen, langgestreckten Gebäude lagert unter anderem der zersägte hölzerne Wellbaum mit dem Wasserrad. Die Einrichtung wurde vor einiger Zeit durch ein Hochwasser zerstört. Die Einrichtungen der Säge stammen aus dem Jahre 1925.

Reckingen (Mühle)

Die letzte der alten Stockmühlen im Wallis, die noch in Betrieb ist, steht in Reckingen im Obergoms. Sie wurde 1818 erbaut. Ursprünglich besaß sie zwei Mahlwerke, von denen aber nur noch eines funktioniert. Bemerkenswert sind die beiden alten Kännel, die schon seit Menschengedenken ihren Dienst versehen. Es ist möglich, daß sie so alt sind wie die Mühle. (Siehe auch ‹Der letzte Müller vom Goms›, S. 37 ff.)

Reckingen (Säge)

Unweit der Mühle steht die alte Säge von Reckingen. Sie verfügt über ein oberschlächtiges Wasserrad mit einem Durchmesser von drei Metern. Die zweimal acht Speichen sind auffallend kräftige, etwa fünfzehn Zentimeter starke Balken. Auch die große eiserne Nabenspinne ist ungewöhnlich. Die Schaufelkammern sind am Grund mit Eisenblech ausgekleidet, wahrscheinlich als nachträgliche Abdichtung. Durch eine Brettfalle, die mit einem Drahtseilzug vom Arbeitsraum aus bedient werden kann, rauscht das Wasser vor dem Rad in die Tiefe.

Die Mühlen des Tessin

Dandrio

Die Mühlen von Dandrio liegen zuhinterst im abgelegenen Val Malvaglia, einem Hochtal, das nur über eine schmale Serpentinenstraße zu erreichen ist. Sie sind ziemlich bekannt, denn sie bilden ein kleines Freilichtmuseum, wo jedes Jahr im überlieferten Stil gemahlen wird.
Die untere Mühle besitzt zwei Mahlwerke, die je von einem Stockrad mit handgeschnitzten Löffelschaufeln angetrieben werden. Das eine Rad besitzt vierzehn Schaufeln, das andere dreizehn.
Wie bei allen alten Tessiner Mühlen ist auch hier der Kornbehälter, die ‹tramoggia›, über dem Mahlwerk aufgehängt und steht nicht auf der Zarge, die das ringsum austretende Mehl sammelt. Die Tramoggia ist ein aus Brettern gezimmerter trichterförmiger Behälter, der etwa einen ‹moggio› (ein Tessiner Mütt, ungefähr hundertfünfzig Liter) Korn faßt. Aus der unteren Öffnung der Tramoggia rieselt das Korn in eine halbkreisförmige Rinne, deren Neigung mittels einem Schnurzug an einem hölzernen Zahnrad mit Sperrklinke genau eingestellt werden kann.
Eine äußerst einfache, aber sinnreiche Vorrichtung sorgt dafür, daß immer etwas Korn aus dieser Rinne in die Öffnung des oberen Mühlsteines rieselt. Über die rauhe Oberfläche des sich drehenden Steines gleitet nämlich ein mit der Rinne der Tramoggia verbundener hölzerner Hebel, ‹ul batiröö›. Er überträgt die Vibrationen auf die Rinne, und diese Vibrationen sorgen dafür, daß immer neues Mahlgut nachfließt.
Jedes der beiden Mahlwerke kann mit je einer langen Zugstange vom Mühlenraum aus ein- und ausgeschaltet werden. Die Zugstange betätigt einen Schieber. Dieser besteht aus einem Brettchen, das oberhalb der Rinne, einem gehöhlten Baumstamm, drehbar angebracht ist und dessen Rundung genau in die Rundung der Rinne paßt. Beim Betrieb fließt das Wasser unter

Rinnen mit Schiebern an der unteren Mühle von Dandrio, per Zugstange vom Mahlboden aus zu bedienen.

Untere Mühle von Dandrio: Stockrad mit geschnitzten Löffelschaufeln.

>
Aus Dank für eine Hilfeleistung des Müllers stiftete ein verunfallter Bauer dieses prächtige Fresko an der Mühle von Gordevio.

Nächste Doppelseite: Die obere Mühle von Dandrio

dem Schieber durch. Zum Abstellen wird der Schieber in die Rinne gesenkt, wo er das Wasser staut und seitlich überlaufen läßt, so daß kein Wasser mehr auf die Radschaufeln gelangen kann.
Die obere Mühle von Dandrio besitzt ein kleines oberschlächtiges Wasserrad. Ein kleines Giebeldächlein schützt es vor der Witterung.

Golino

Die Pellanda-Mühle steht unmittelbar neben dem Riale della Muta, der die Grenze zwischen Golino und Losone bildet. Etwas weiter oben stand einst eine zweite Mühle. Sie wurde bei der Überschwemmungskatastrophe von 1868 fortgerissen. Das wildromantische Bachbett, an dessen Seite sich die kleine Mühle mit dem barocken Madonnenfresko an den Fels schmiegt, kann nämlich zum reißenden Strom werden. Auch in der Nacht vom 8. auf den 9. August 1951 war es wieder einmal soweit.
In jener Nacht schlug die Todesstunde der meisten Tessiner Mühlen. Alle Flüsse und Bäche traten über ihre Ufer und rissen mit ihren Schlammassen und entwurzelten Bäumen fort, was sich ihnen in den Weg stellte, nachdem innerhalb von 24 Stunden nicht weniger als 236 Millimeter Regen niedergegangen waren. Die Maggia beispielsweise stieg bei Ponte Brolla um zehn bis fünfzehn Meter.
Der Riale della Muta zerstörte damals die kleine, seit den vierziger Jahren stillgelegte Pellanda-Mühle. Wie durch ein Wunder blieb das Wasserrad an seiner Stelle, aber die Inneneinrichtung wurde völlig zerstört.
Die Pellanda-Mühle stammt wahrscheinlich aus dem achtzehnten Jahrhundert. Noch bis in die dreißiger Jahre hinein mahlte Enrico Pellanda hauptsächlich Roggen, Mais und etwas Weizen. Mit der Zeit wucherten Dornen und Gestrüpp um das kleine Steingebäude mit dem Granitdach.
Der neue Besitzer, ein Tessiner Ingenieur, hat die kleine Mühle nach altem Vorbild restaurieren lassen. Mit Wasser aus einer Rohrleitung, das über einen Baumstammkännel auf das eiserne Rad gelenkt wird, kann die Anlage zu Demonstrationszwekken betrieben werden.

Gordevio

Abseits des Dorfes, von der Kirche aus auf einem abschüssigen Fußweg zu erreichen, liegt in einem lichten Wäldchen die renovierte Mühle und Bäckerei Madalena von Gordevio.
Im Jahre 1823 war unmittelbar vor der Mühle ein Bauer von seinem Heuwagen gefallen, und der Müller Pietro Madalena hatte ihm geholfen, vielleicht sogar das Leben gerettet. Diese Geschichte erzählt ein Fresko an der sauber verputzten Westfassade der Mühle. Unter einem großen Madonnenbild – die Muttergottes trägt eine Krone, Mutter und Jesuskind halten je einen Rosenkranz in der Rechten, links unten ist der Apostel Petrus mit Schlüssel abgebildet, rechts eine Frau namens G. Celestina – ist der Unfall bildlich festgehalten: Man sieht den Mann kopfvoran von dem Fuhrwerk stürzen, das von zwei Ochsen gezogen wird. Von rechts naht die Hilfe in Gestalt des Müllers, der noch einen Sack auf dem Rücken trägt. Die Buchstaben G.R. bedeuten ‹Grazia Ricevuta› (widerfahrene Gnade).
Die Mühle Madalena besitzt ein neues Stockrad mit zwölf nach altem Vorbild geschnitzten löffelförmigen Schaufeln. Sie sind mit Holzkellen im hölzernen Wellbaum befestigt. Das Gerinne ist ein aus Granitplatten gemauerter Kanal.
Im hölzernen Türbalken ist, noch immer deutlich zu entziffern, die originale Jahreszahl 1657 eingeritzt. 1859 wurde die Mühle renoviert oder umgebaut. Die beiden Jahreszahlen und die Initialen MG wurden bei der neuesten Renovation im Verputz über der Tür angebracht.

Loco

Die Meletta-Mühle liegt im Ortszentrum, unmittelbar unterhalb der Straße. Das Wasser unterquerte in einem Rohr die Straße und wurde via Blechrinne und

PIETRO MADALENA
L. 1872

hölzernen Schußkännel auf das oberschlächtige, dreimetrige Eisenrad gelenkt. Der Kännel hängt hier an einem hölzernen Träger und wird durch einen kräftigen, gemauerten Pfeiler gestützt.
Die Mühle ist sehr klein, mit einem Innenraum von kaum fünfzehn Quadratmetern. Das Mahlwerk ist noch erhalten. Der letzte Müller, der hier noch Polentagrieß mahlte, hieß Remigio Meletta.

Someo

Vor dem Dorfeingang von Someo verstekken sich in einem Wäldchen am Hang drei alte Mühlen. Wer sie besichtigen will, darf eine abenteuerliche Kletterpartie durch wilde Rosenhecken nicht scheuen. Die beiden oberen Mühlen sind nur noch Ruinen, die unterste ist aber noch recht gut erhalten. Die Mühlen befinden sich am linken Ufer eines ‹Riale›, eines Bergbaches. Das Wasser wurde oberhalb gefaßt und kaskadenartig von den drei Mühlen nacheinander genutzt.
Die mittlere Mühle besaß einst ein Stockrad. Von ihm ist nur noch der vermodernde Wellbaum vorhanden. Aus der Wasserstube floß das Wasser in ein kleines Auffangbecken, das in die natürliche Felsformation integriert ist. Die Erbauer mußten nur ein kleines Mäuerchen hochziehen, um das Wasser zu stauen und über eine lange, geneigte Holzrinne auf das oberschlächtige Eisenrad der untersten Mühle zu leiten.
Die Lagerung dieses Rades ist höchst bemerkenswert: Das Widerlager ruht nämlich auf einem kräftigen steinernen Träger, der mehr als einen Meter aus der Außenwand des querliegenden Gebäudetraktes ragt. Das Rad ist durchgerostet, die Schaufelkammern sind nicht mehr vorhanden.
Die Mühlen befinden sich etwa zweihundert Schritte vom Maschinenhaus der *Società Elettrica Sopracenerina* entfernt, wo die Wasserkraft im großen Stil genutzt wird.

Vergeletto

An dem Bach, der unweit der Kirche durch das Zentrum des Dorfes fließt, standen einst fünf Mühlen: drei am linken und zwei am rechten Ufer. Von den linksufrigen Mühlen ist nicht mehr viel erhalten. Nur ein herumliegender alter Mühlstein zeugt noch von der früheren Vergangenheit. Immerhin wird die Wasserkraft des Baches noch genutzt. Weiter oben faßt eine Rohrleitung das Wasser des Riale. Dort, wo einmal eine Mühle war, steht jetzt ein kleines Maschinenhaus, das den Ort mit Elektrizität versorgt.
Das Valle di Vergeletto ist ein Seitental des Onsernone. Hier wurde fast ausschließlich Mais für die Volksspeise Polenta gemahlen. Roggen wurde zwar ebenfalls angebaut, aber nicht als Nahrung, sondern für die Fabrikation von Strohhüten. Diese Industrie ist im Onsernonetal schon vor vier Jahrhunderten belegt.
Das beherrschende Müllergeschlecht von Vergeletto waren die Terribilini. Ihre Sippe kontrollierte nicht weniger als vier der fünf Mühlen. Die unterste Mühle am rechten Ufer, ‹il mulino dei sindigui› (der Name läßt vermuten, daß sie einst dem Gemeindepräsidenten gehört hat), ist als einzige erhalten geblieben. Sie ist jetzt ein Ferienhaus. Das Wasser wurde früher mit einem langen Gerinne herangeführt, von dem heute nur noch ein baumelnder Schußkännel erhalten ist. Das Rad mit dem hölzernen Wellbaum befindet sich unter einem kleinen, hohen Vordach. Der Schußkännel wurde früher sehr steil, in einem Winkel von etwa 45 Grad, auf das oberschlächtige Rad geführt.

Gerra Piano

Mit einem Grundriß von kaum zwanzig Quadratmetern ist die Mühle Fontanedo in Gerra Piano ein malerisches Kleinod. Das von Glyzinien und Efeu bis hinauf zum Giebel überwucherte Gebäude erhebt sich turmartig am Steilhang, unmittelbar neben einem Weinberg. Die Einrichtungen wurden von einem Liebhaber wieder instandgestellt. Gemahlen und Brot gebacken wird allerdings nicht mehr: die Mühle ist heute ein Ferienhaus.
Wie an anderen Orten im Tessin war auch

Bei den Tessiner Mühlen ist der Schütttrichter, la tramoggia, aufgehängt. Die Neigung der u-förmigen Rinne, durch die das Mahlgut zwischen die Steine rieselt, wird durch Schnurzug eingestellt.

<
Mulino dei Sindigui in Vergeletto: Das Rad ist stillgelegt, aber die Kraft des Wassers ist ungebrochen.

dieser Mühle eine kleine Bäckerei angegliedert. Der Ofen befindet sich außerhalb des Gebäudes in einer kleinen Anbaute direkt neben dem Eingang. Eine Jahreszahl über dem kleinen halbrunden Ofentor weist auf das Baujahr hin: 1884.
Das Wasser – kaum mehr, als aus einer kräftigen Brunnenröhre fließt – wurde durch einen äußerst schmalen, geneigten Schußkännel auf das Rad gelenkt. Das Wasser fließt direkt durch den Garten, in Form eines lustig plätschernden Bächleins. Unter der Pergola sitzt man gemütlich im Schatten.

Aranno

Die alte Schmiede von Aranno ist eine baufällige Ruine, mit Brettern verrammelt. Das Dach, gedeckt mit den typischen Tessiner Rundziegeln, ist am Zerfallen. Üppige Vegetation wuchert, und es ist nur noch eine Frage der Zeit, bis Teile des Daches einstürzen und der Wald auch im Innenraum Fuß faßt. Ob dieser Anfang vom endgültigen Ende noch abzuwenden ist, hängt davon ab, ob es der Stiftung Maglio des Malcantone gelingt, das Geld für eine Restauration zusammenzubringen.
Bis zum Jahre 1951 hat hier noch der Schmied Fedele Agostini seine beiden Wasserräder aus Eisen laufen lassen. Beide Räder sowie die eisernen Kännel sind am Verrosten. Das kleinere Rad mit einem Durchmesser von zwei Metern und einer Breite von einem halben Meter trieb den Schmiedehammer an; das größere mit dem doppelten Durchmesser, aber dafür nur halb so breit, setzte über ein Riemenpouli vermutlich einen Schleifstein in Bewegung.
Das Gebäude ist langgestreckt, etwa fünfzehn Meter lang und fünf Meter breit. Das Mauerwerk besteht zum größten Teil aus Naturstein; da der Putz heruntergefallen ist, läßt sich erkennen, wo später in Ziegelstein gemauerte Umbauten vorgenommen wurden. An der Südwestfassade ragt noch der Stab einer früheren Sonnenuhr aus der Mauer.
Unweit von der Schmiede, am Ufer der Magliasina, steht die alte Mühle von Aranno.

Rancate

Im Weiler La Tana bei Rancate, unterhalb dem Autobahnviadukt nach Chiasso, ist die Vergangenheit zum Teil noch lebendig geblieben. Vier Wasserräder waren hier einmal in Betrieb. Drei davon trieben je ein Mahlwerk und eines eine Säge. In der Säge zeugt am Boden verstreutes, frisches Sägemehl davon, daß hier noch mit Wasserkraft gearbeitet wird. Die Stämme, die vor der Sägerei auf ihre Verarbeitung zu Brettern oder Balken warten, sind kurz, dick und krumm. Lange Stämme hätten in dem kleinen, kaum fünfzehn Meter langen Gebäude auch gar nicht Platz.
Das eiserne Wasserrad mit vier Metern Durchmesser stammt aus den fünfziger Jahren. Es ersetzte damals ein hölzernes Rad, das morsch geworden war. Das Rad ist mittel- bis rückenschlächtig, das heißt, das Wasser fließt auf der Rückseite des Rades etwas oberhalb der Achse in die Schaufelkammern. Da sich das Rad im Zwischenraum zwischen der Sägerei und einem Nachbargebäude befindet, ist die Steuerung des Wassers sehr einfach. Ein hölzerner Hebel ragt durch eine Öffnung der Wand in den Arbeitsraum. Mit dem Hebel kann der Säger eine Wasserfalle aus Eisenblech betätigen. Früher war das ein Holzbrett, das im Zuge der Raderneuerung ebenfalls aus Eisen gemacht wurde. Solche Brettfallen waren vor allem in Österreich sehr verbreitet. Um das Rad abzustellen, hebt man das Blech, und das Wasser fällt durch eine Öffnung in der Rinne vor dem Rad in die Tiefe.
La Tana besteht aus einer Gruppe von Gebäuden, die zum Teil aneinandergebaut sind und einen etwa rechteckigen Innenhof umschließen. Mühle und Säge wurden früher von den Brüdern Giovanni und Natale Bernasconi betrieben.
Die drei eisernen Räder der Mühle, die jetzt an der langgestreckten Südostfassade des Weilers still vor sich hin rosten, waren seit dem Ende des Ersten Weltkrieges immer häufiger stillgestanden. Doch während der Anbauschlacht in den Jahren des Zweiten Weltkriegs kamen sie noch einmal zum Zug.

Die alte Mühle von Aranno. Ihre beiden Wasserräder sind noch besser erhalten als die der Schmiede.

<
Mulino Pellanda in Golino. Der geneigte Schußkännel ist typisch für die Tessiner Mühlen.

Tag und Nacht drehten sie sich, um das Getreide, das durch den Plan Wahlen zusätzlich angebaut wurde, zu mahlen. In den sechziger Jahren war dann ihre Zeit endgültig vorüber. Die Inneneinrichtungen der Mühle mit ihren drei Mahlgängen ist aber noch tadellos erhalten.
Alle drei Eisenräder messen ungefähr zweieinhalb Meter und haben vier Speichen, die in zwei Fällen interessanterweise aus Holz gefertigt sind. Diese Konstruktion wurde wahrscheinlich aus Kostengründen gewählt, zumal in der Sägerei die dafür verwendeten Holzbretter auch noch selbst hergestellt werden konnten.
Die Räder wurden oberschlächtig betrieben. Das beweist der steinerne Träger, der oberhalb der Räder aus der Mauer ragt. An ihm hing einst an einer Kette der hölzerne Kännel.

Klosters

Das Gerinne aus neun halbrunden Baumstammrinnen, parallel zum Mühleweg überlappend aufgebockt, weist den Weg zur alten Mühle von Klosters. Sie ist ein kleines Blockhäuschen, im traditionellen Walserstil mit steinbeschwerten Schindeln gedeckt. Unter dem vorspringenden Dach an der Ostseite ist das oberschlächtige, rund zweieinhalb Meter große Wasserrad vor der gröbsten Witterung geschützt. Die Speichen bestehen aus drei ganz durch den Wellbaum gestoßenen Brettern. Das ergibt sechs Speichen. Obwohl die drei Schlitze gegeneinander versetzt sind, schwächen sie den Wellbaum beträchtlich. Der alte brach deshalb genau an dieser Stelle.
Das Getriebe ist die einfachste Variante eines Winkeltriebes. Es besteht aus einem hölzernen Kammrad mit stirnseitig eingesetzten Zähnen. Dieses Rad greift in den Spindelstock oder Drilling ein. Er besteht aus einem Kranz von hölzernen Stecken, die parallel und rings um die Achse des Mühleisens montiert sind und eine Art kleines walzenförmiges Zahnrad bilden (siehe Abb. 8a, S. 25). Die Mühle besitzt noch einen intakten Mahlgang.

Davos-Dorf

Beim Heimatmuseum von Davos steht eine Mühle aus dem Safiental. An die alte Davoser Mühle erinnert nur noch der Name des benachbarten Gebäudes. Das Blockhaus trägt über der Eingangstür die Inschrift ‹17HM*SM99›. Die Konstruktion des etwa dreieinhalb Meter messenden oberschlächtigen Wasserrades ist einzigartig: Die Felge ist aus vier massiven, aus je einem Stück Holz gearbeiteten Teilen zusammengefügt. Jedes Stück ist in der Mitte etwas verstärkt. Dort ist es mit der entsprechenden Speiche verbunden. Das Rad ist fünfundzwanzig Zentimeter breit und besitzt 32 Schaufelkammern. Es steht für immer still, denn die Mühle hat kein Wasser. Getriebe und innere Einrichtung entsprechen der Mühle von Klosters.

Tamins

Am südöstlichen Dorfrand von Tamins, wo das Mühletobel beginnt, steht eine kurze Häuserzeile. Im unteren Gebäudeteil liegt die Taminser Mühle. Ihr Rad versteckt sich unter dem Schwall des Wassers, das darüber hinwegstürzt. Unter dem Gerinne liegt das oberschlächtige Wasserrad, das mit einer Wasserfalle bedient wird.
Die Mühle steht seit 1982 unter Denkmalschutz. Sie wurde mit Gemeinde-, Kantons- und Bundeshilfe renoviert und ist funktionstüchtig. Gelegentlich wird zu Demonstrationszwecken Mehl gemahlen. Auf dem geräumigen Mühlenstuhl befinden sich zwei Mahlgänge. Der eine Bodenstein trägt die Inschrift ‹18KN48›.
Von der Inneneinrichtung ist die alte Fruchtputzanlage besonders bemerkenswert. Sie besteht aus einem hölzernen Kasten, der

<
Schußkännel und oberschlächtiges Wasserrad der Mühle von Loco TI.

fast eine ganze Wand des Mahlraumes einnimmt. Oben wird das Getreide in den Trichter geschüttet. Es fällt kaskadenförmig durch verschiedene Trichterkammern mit Öffnungen, durch die Spreu und andere lose Verunreinigungen weggeblasen werden. Für den erforderlichen Luftzug sorgt ein Gebläse, das per Riementrieb an das Wasserrad angekuppelt werden kann.

Alte Fruchtputzanlage der Mühle von Tamins.

Disla

Zuunterst im Dorf liegt unmittelbar am Bach die alte Säge und Stampfe von Disla. Das Gebäude erstreckt sich längsseits in Richtung des Hanges. So ist die obere Einfahrt zur Säge ebenerdig, und im unteren Gebäudeteil, unter dem Sägeboden, befinden sich das Getriebe für die Säge und die Stampfe. Aus arbeitstechnischen Gründen beansprucht der Sägeboden in der Länge sehr viel Platz. Deshalb ragt der obere Gebäudeteil erkerartig vor. Mit einem Rötelstift ist die Jahreszahl 1874 an die Tür gekritzelt.
Auf der südlichen Längsseite des Gebäudes befinden sich die beiden Wasserräder, ein größeres, oberschlächtiges für die Säge und ein kleineres, unterschlächtiges für die Stampfe. Beide Räder bestehen aus einer gußeisernen Achse mit runden Nabenscheiben, vier Brettspeichen und einem hölzernen Felgenkranz. Sie sind nicht mehr funktionstüchtig.
Die Stampfe besteht aus einem hölzernen Trog und drei hölzernen Stampfstößeln. Unmittelbar oberhalb der Säge steht direkt über dem Bach der Rest einer kleinen Mühle. Vom Getriebe ist keine Spur mehr zu sehen, aber es muß sich um eine Stockmühle mit einem horizontalen Wasserrad gehandelt haben. Nur die beiden Mühlsteine mit einem Durchmesser von ungefähr 1,20 Meter liegen noch in dem völlig leeren Blockhüttchen.

>
Die kleine Mühle von Klosters versinkt im Schnee.

Fuorn/Medel

Die Leinsamenstampfe aus Fuorn im Val Medel ist die wohl zuletzt gebaute Einrichtung dieser Art. Sie wurde 1930 von Herrn Trueisch erstellt und war noch bis in die Zeit nach dem Zweiten Weltkrieg in Betrieb. Aus dem Flachs, damals noch auf einer Höhe von etwa 1500 Metern angepflanzt, stellte man Leinöl und Gewebe her.
Die kleine Blockhütte stand nahe der Lukmanierstraße bei Fuorn, unweit von Acla, das im Winter 1975 von einer Lawine teilweise zerstört wurde. Das Gebäude stammt aus dem Jahre 1874 und war früher eine kleine Mühle. Sie wurde zum Mahlen nicht mehr gebraucht und deshalb zu einer Stampfe umgebaut, denn etwas weiter hangabwärts stand eine zweite, etwas größere Mühle, die heute ein Ferienhaus ist. Eine Säge, die gegenüber der Mühle an der anderen Seite des Baches stand, fiel 1950 einer Lawine zum Opfer.
Das Wasser mußte über einen langen Kanal vom Bergbach her über die Wiese geleitet werden. Der Erbauer der Mühle hatte diesen ‹unpraktischen› Standort gewählt, um der Lawinengefahr auszuweichen; mit Erfolg, wie sich zeigte, denn die kleine Mühle überstand auch den Lawinenwinter von 1975 unbeschadet.
Das Gebäude samt Inneneinrichtung wurde 1978 abgebrochen und ins Freilichtmuseum Ballenberg versetzt. Der Plan, wieder Wasser auf das Rad zu leiten, konnte bisher leider nicht verwirklicht werden.
Das flache, schindelgedeckte Dach springt an der Giebelseite stark vor und schützt das oberschlächtige Rad und den Holzkännel, der an einer Kette am Dach aufgehängt ist. Das hölzerne, vierspeichige Rad hat einen Durchmesser von etwas über zwei Metern und ist dreißig Zentimeter breit. Die 20 Schaufeln sind zwischen den Wangen eingenutet. Das Achslager läuft radseitig auf Stein, gegenseitig auf einem hölzernen Lagerblock. Dieses innere Lager mußte geschmiert werden, während das äußere durch Wasserschmierung wartungsfrei lief. Der Wellbaum ist mit drei Nockenpaaren bestückt, die je aus einem durchlaufenden und auf beiden Seiten vorstehenden Brettchen bestehen. Diese greifen unter Hebezungen, die an den Stößeln angebracht sind. Ein mächtiger, schwerer Stößel, die sogenannte Poche, fällt auf eine Steinplatte

am Boden. Hier wurde der Hanf oder Flachs gebrochen. Andernorts gab es dafür die Reiben (Riibi) mit Kollergängen aus einem kegelförmigen Läuferstein, der auf dem Bodenstein im Kreise lief, was eine rationellere Arbeitsweise ermöglichte.
Zwei kleinere Stampfstößel fallen in einen Muldenblock aus Holz; in diesen Mulden wurden die Leinsamen zu preßbarem Ölbrei zerstampft und anschließend auf einem kleinen Holzherd in flachen Pfannen erhitzt. Umrühren mußte man von Hand. Mit einer Spindelpresse wurde der heiße Ölkuchen ausgepreßt. (Siehe auch S. 53ff.)

Masein

Das oberschlächtige Wasserrad der Säge von Masein ist noch sehr gut erhalten. Es wurde 1943 neu erstellt und war nur gerade vier Jahre lang in Betrieb. Seit 1947 läuft die Säge elektrisch, weil das Wasser bloß während der Schneeschmelze im Frühjahr für ausreichende Kraft sorgte. Ein pittoreskes Vordächlein schützt das fünf Meter große Rad mit den sechs Speichen vor der Witterung. Die gußeiserne Nabe ruht in einem Steinlager.

Salouf

Etwas abseits des Dorfes, am Balandegn-Bach, steht die alte Mühle, ‹igl vigl mulegn› von Salouf im Oberhalbstein. Die Jahreszahl 1877 über der Eingangstür zum Mahlraum steht für das Jahr, in dem die Mühle neu errichtet wurde. An derselben Stelle fand früher eine kleinere. Sie wurde erweitert und um eine Wohnung aufgestockt. Seit drei Generationen ist sie im Besitz der Familie Demarmels.
Im Herbst 1974 waren Wasserrad und Wellbaum so baufällig geworden, daß die Mühle zu zerfallen drohte. Dank einer Gönnerverenigung und mit Mitteln von Bund, Kanton, Gemeinde, Vereinigungen und Privaten konnte sie gerettet werden. Dank ausreichender Nachfrage nach steingemahlenem Mehl und dem Einsatz von Müller Franz Stocker (siehe Seite 44ff.) ist sie noch in Betrieb.

Bemerkenswert am äußeren Mühlenwerk ist der aus Bohlen kreuzweise geschichtete Lagerbock. Er trägt ein wassergeschmiertes Lager aus Stein, ‹en plimatsch da crap›, in dem der eiserne Wellbaumzapfen läuft. Der kräftige Wellbaum, ‹igl ischegl›, trägt ein vierspeichiges oberschlächtiges Wasserrad von 282 ccm Durchmesser. Das hölzerne Kammrad ist ein Stirnrad, das in einen Spindelstock (Drilling) eingreift. Der Trichter, ‹la tramosa›, ist mit einem modernen Rüttelschuh versehen. Er wird nicht von einem hölzernen Schlegel in Bewegung versetzt, sondern von einem Dreischlag.
Zur Mühle gehörte früher auch eine Gerstenstampfe. Sie ist schon seit längerer Zeit nicht mehr in Betrieb. Die Rollgerste wird heute in einer Drehtrommel entspelzt.

Tinizong

Die Mühle Götti an der Julierstraße im Val d'Err südlich von Tinizong verfügt über eine einzigartige Kombination von wassergetriebenen Einrichtungen: eine Mühle mit zwei Mahlgängen, eine Einfach-Gattersäge, eine Wollkartätsche und eine Knochenstampfe. Eventuell existierte neben der Knochen- auch noch eine Leinsamenstampfe oder eine Poche. Das alles wurde mit zwei Wasserrädern in Bewegung gesetzt.
Das größere, oberschlächtige befindet sich noch im Radhaus, wenn auch nicht mehr funktionstüchtig. Früher trieb es die Mühle und die Säge an. Der Wellbaum brach unmittelbar hinter dem Beschlag, einer sogenannten Kreuzdehl. Von da an stand die Mühle still, obwohl Rad und Welle an sich noch in einem guten Zustand gewesen wären.
Das kleinere, unterschlächtige Rad ist verschwunden. Die Knochenstampfe, die es einst angetrieben hat, ist jedoch noch vorhanden. Sie besitzt einen Steintrog und zwei hölzerne Stößel mit einem treppenartig gestuften, eisenbeschlagenen Fuß, um die Knochen zu knacken.

Mühle Götti in Tinizong. Das Wasser floß früher auf ein breites oberschlächtiges Wasserrad. Das Radhaus ist im Bild nicht sichtbar.

<
Dieses oberschlächtige Wasserrad lieferte den Strom für das Bergrestaurant zum Pochtenfall im Berner oberländischen Suldtal. Es wurde im Sommer 1987 durch ein Unwetter zerstört.

Valchava

Im Heimatmuseum ‹Chasa Jaura› steht eine alte Hammerschmiede. Sie stammt aus Sta. Maria und stand einst an der Straße, die nach Valchava führt. In Sta. Maria gab es früher nicht weniger als sieben Mühlen, Schmieden und Sägen mit insgesamt elf Wasserrädern. Diese sind samt und sonders aus dem Dorfbild verschwunden.
Das hölzerne Wasserrad ist relativ klein. Über einen sehr steilen Schußkännel fiel einst das Wasser fast senkrecht in die Schaufelkammern des mittelschlächtigen Rades. Mit dem kräftigen Wellbaum konnte via Riementrieb auch ein Schleifstein in Bewegung gesetzt werden. Neben dieser Schmiede geben zahlreiche Werkzeuge und Feldgeräte sowie eine vollständig eingerichtete Sennhütte Einblick in die frühere Lebensweise der Leute im Münstertal.

Die Mühlen der Zentralschweiz

Ballenberg BE

Im Freilichtmuseum Ballenberg sind zahlreiche restaurierte Mühlen, Sägen, Reiben und Stampfen aus allen Regionen der Schweiz zu bewundern: Mühle von Naters VS (siehe S. 72), Stockmühle aus Törbel VS (S. 70), Leinsamenstampfe aus Fuorn/Medel GR (S. 84) sowie (bei Drucklegung dieses Buches noch im Bau) eine Knochenstampfe aus Knonau ZH und die Säge von Rafz ZH.

Äschiried BE

Am Ausflugsrestaurant zum Pochtenfall im Berner oberländischen Naturschutzgebiet Suldtal dreht sich in einem kleinen Radschuppen ein oberschlächtiges Wasserrad mit Doppelkreuzspeichen. Es ist nur über die Sommersaison in Betrieb und dient zur unabhängigen Stromversorgung des abgelegenen Restaurants auf 1080 m. ü. M. Besitzer ist der Berner Nationalrat Fritz Hari-Bruni.

Schüpfheim LU

In der Mühle Wiki liefert ein oberschlächtiges eisernes Wasserrad mit einem Durchmesser von dreieinhalb Metern und einer Breite von einem Meter 7,5 Kilowatt Strom. Das frühere Rad war aus Holz und wurde 1936 ersetzt. Bis 1944 trieb es einen Mühlstein, seither einen Walzenstuhl. Das Rad läuft geschützt in einem Radhaus.

Bürglen UR

In Bürglen, dem Dorf von Wilhelm Tell, dreht sich das letzte alte Wasserrad des Kantons Uri. Es stammt aus dem Jahre 1907, ist oberschlächtig, hat einen stattlichen Durchmesser von 5,60 Metern und trieb einst eine Säge an. Heute erzeugt es Strom.

Küßnacht am Rigi SZ

Oberhalb des Dorfes Küßnacht erhebt sich in einem lichten Wäldchen die Ruine der Geßlerburg. Neben der Geßlerburg liegt der malerische Weiher, der in den sechziger Jahren völlig verschlammt war. Er hatte einst der Knochenstampfe an der Seebodenstraße in Küßnacht als Wasserreservoir gedient. 1971 wurde der Weiher saniert, und auch die stillgelegte, verlotternde Knochenstampfe erhielt wieder ein Wasserrad. Es wurde im traditionellen Stil, das heißt mit eichenem Wellbaum, rekonstruiert. Es ist oberschlächtig, hat einen Durchmesser von fünf Metern und ist 40 Zentimeter breit. Ein langer hölzerner Oberwasserkanal auf Ständern leitet das Wasser in die 36 Schaufelkammern des zweieinhalb Tonnen schweren Rades.

Schornen SZ

An der Grenze zwischen den Kantonen Schwyz und Zug dreht sich, ganz in der

>
Wieder in Betrieb ist die Hammerschmiede Mühlehorn GL. Per Drahtzug läßt sich die Kraft des Rades von der Werkstatt aus regeln.

Nächste Doppelseite:
In einer malerischen Schlucht versteckt sich das mächtige Wasserrad, das einst die Sägerei von Ferreyres VD antrieb.

Nähe des historischen Schlachtfeldes von Morgarten, ein Wasserrad. Seit etwa 1800 wurde an dieser Stelle die Wasserkraft genutzt: zuerst für den Betrieb einer Säge und Knochenstampfe, ab 1901 für die Maschinen einer Wagnerei. Seit den sechziger Jahren ist das Gebäude ein Ferienhaus. Das oberschlächtige Rad wurde neu erstellt und dreht sich als Dekorationsstück.

Wollerau SZ

Der Weiler Neumühle zwischen Samstagern und Schindellegi ist ein geschichtsträchtiger Umschlags- und Rastplatz. Die Mühle hieß ursprünglich ‹Lölismühle›, nach einem gewissen Lölin. Nach einer Feuersbrunst wurde sie 1854 neu aufgebaut und heißt seither ‹Neumühle›. In den geräumigen Stallungen wurden nicht nur die Pferde der schweren Mühlfuhrwerke gewechselt, sie dienten auch Reisekutschen als Zwischenstation. Heute machen viele Skitouristen, die auf der oft verstopften Straße zwischen Zürich und dem Hoch Ybrig unterwegs sind, in der Wirtschaft ‹Neumühle› einen Zwischenhalt. Noch bis in die siebziger Jahre waren die Mühle und die angegliederte Bäckerei in Betrieb. Früher trieb das Wasser des Krebsbaches eine ganze Anzahl weiterer Mühlen: die Theilersmühle, obere und untere Mühle von Wollerau, Bächermühle, Lumpi und schließlich die Papiermühle in Bäch.
Das riesige eiserne Wasserrad mit einem Durchmesser von 8,6 Metern wurde in den achtziger Jahren von der ‹Alten Garde› Wollerau restauriert. Es befindet sich in einem Radhaus. Das oberschlächtige Rad bewegte einst neben dem Mahlwerk zahlreiche Einrichtungen auf drei Stockwerken: Elevatoren, Sichter, und sogar ein Aufzug für Mehlsäcke.

Mühlehorn GL

Die Hammerschmiede von Mühlehorn wurde um 1760 erbaut. Der letzte Schmied, Fridolin Egger, stellte hauptsächlich Werkzeuge und Geräte für die Bauern und Holzfäller her: Kärste, Äxte, Hauen, Pickel, Schaufeln, Hämmer usw. Egger starb 1953. In den sechziger Jahren wurde die Schmiede restauriert und steht unter Heimatschutz. Das oberschlächtige Wasserrad ist aus Eisen und treibt drei mächtige Schmiedehämmer.
Seit 1971 ist die alte Schmiede zu neuem Leben erwacht. Der Kunstschmied Urs Lachenmeier, der am Walensee auch eine Segelschule betreibt, übt hier auf traditionelle Weise sein Handwerk aus.

Die Mühlen des Jura

Aubonne VD

Die eidgenössische Militärverwaltung in Bern betreibt in Aubonne eine Pulvermühle mit nicht weniger als sechs Wasserrädern. In der ‹Poudrerie fédérale› wird Schwarzpulver hergestellt. Hier hat die Wasserkraft aus Sicherheitsgründen überlebt, denn Wasserräder erzeugen keine Funken.

Moiry VD (Mühle)

Das mächtige eiserne Wasserrad der alten Mühle von Moiry steht schon seit fast dreißig Jahren still. Dennoch ist es erstaunlich gut erhalten und rostet nur an wenigen Stellen. Eine dicke, feste Kalkschicht, vom Jurawasser aus dem Gestein gewaschen und an der Oberfläche des Rades abgelagert, bildet einen natürlichen Rostschutz. Der geräumige Steinbau mit zahlreichen Anbauten stammt wahrscheinlich aus dem sechzehnten oder siebzehnten Jahrhundert. Das Nachbargebäude, eine frühere Bäckerei, trägt über der Eingangstür die Jahreszahl 1595. Bis gegen Ende des letzten Jahrhunderts war die Mühle noch in Betrieb. 1906 kaufte sie der Bauer Louis-Constantin Chanson. Mit dem einen der früheren zwei Räder trieb er eine Dresch-

maschine an, mit dem anderen eine Hanfreibe.
Das mächtige oberschlächtige Wasserrad an einer Anbaute an der Westseite hat einen Durchmesser von etwa sechs Metern und ist etwas mehr als einen halben Meter breit. Es besitzt fünfzig Schaufelkammern. Der Antrieb erfolgte über ein Ritzel, das in die Holzzähne eines Radkammes an der Peripherie des Wasserrades eingriff.
Das Wasser aus dem Ruisseau de la Cressonnière, etwa fünfzig Liter pro Sekunde, wurde über ein inzwischen verrostetes, etwa dreißig Meter langes Blechgerinne herangeführt, das teils durch gemauerte Pfeiler, teils durch Holzständer gestützt ist.

Moiry VD (Säge)

Im Weiler Le Vallon, etwas abseits des Dorfes Moiry in Richtung Chevilly gelegen, betreiben die Frères Crisinel einen Bauernhof mit Sägerei. Die beiden Brüder gelten im Dorf als passionierte Tüftler. Wenn das Wasserrad nicht gerade die Säge für kleinere Kundenaufträge antreibt, erzeugt es mit einem Generator Strom für den Eigenbedarf des Bauernhauses. Bei unserem Besuch herrschte eine trockene Sommerhitze. Entsprechend langsam bewegte sich die Säge, obwohl nur ein einziges Blatt in das Gatter eingespannt war. Die Crisinels sind aber stolz darauf, ohne zusätzlichen Strom auszukommen. In Le Vallon nimmt man es noch gemütlich mit der Arbeit, ohne das ohrenbetäubende Kreischen der Bandsäge, gegen das man sich mit Ohrenklappen schützen muß.
Das oberschlächtige Rad ist genau gleich konstruiert wie das der alten Mühle von Moiry, wenn auch im Durchmesser etwas kleiner. Es liegt südöstlich des Sägereigebäudes im Schatten eines kleinen Wäldchens und ist zum großen Teil durch eine gemauerte Radkammer geschützt. Das Wasser fließt in einem Kännel um die Gebäudeecke herum auf das Wasserrad.

Ferreyres VD

Unterhalb des Dorfes liegt am Flüßchen Venoge, kurz bevor es sich mit dem Veyron in einer malerischen Schlucht vereinigt, die Sägerei von Ferreyres. Das mächtige Gebäude liegt an einem Südhang, etwas oberhalb des steilen, felsigen Flußufers. Dank dieser Lage konnte trotz großer Wassermenge eine oberschlächtige Lösung gewählt werden, was natürlich viel mehr Kraft auf den Antrieb brachte. Allerdings waren dazu einige Schwierigkeiten zu überwinden. Das Rad lag in einiger Entfernung von der anzutreibenden Sägemaschine unterhalb des Gebäudes. Hier zeigt sich wieder einmal, daß jede Situation ihre besondere technische Lösung erforderte, die mit viel konstruktiver Phantasie verwirklicht wurde.
Ein Wehr staute das Wasser und leitete es in einen Kanal, der als eine Art Aquädukt auf einer mächtigen Stützmauer dem Ufer entlang geführt wurde. Der Kanal liegt heute trocken. Am Ende des Kanals leitete ein eiserner Kännel das Wasser auf die zwei Meter breiten Radschaufeln. Es ist das breiteste Rad, das wir in der Schweiz fotografieren konnten.
Das wuchtige Rad ist am Verrotten. Unten sitzt es im Schlamm fest. Es drehte sich einst zwischen dem Uferfels und dem gemauerten Widerlager im Freien. Interessant ist die Konstruktion: Die Wangen des Felgenkranzes sind aus Holz; dazwischen sind die 42 eisernen Schaufeln befestigt. Der Durchmesser ist mit etwa dreieinhalb Metern recht beachtlich. Entsprechend den großen Kräften, die das Rad übertragen mußte, ist die Nabenkonstruktion sehr massiv ausgeführt, um die jeweils sechs Eisenspeichen zu stützen.
Die Kraft wurde über ein Guß-Kammrad übertragen, dessen Durchmesser etwas kleiner ist als das Wasserrad. Von den Holzzähnen waren nur noch einige Überreste zu entdecken. Das Ritzel, das in dieses Kammrad eingriff, liegt auf der Höhe der oberen Felgenkante des Wasserrades. Seine Achse verschwindet im Felsfundament des Gebäudes und übertrug die Kraft in den Keller, wo

Alte Sägerei in Vaulion VD mit einem oberschlächtigen Wasserrad.

sich die große Hauptwelle mit den Riementrieben befand.

Lussery VD

Im Tal der Venoge, unterhalb von Lussery, steht in unmittelbarer Nähe des Flüßchens die alte Mühle von Lussery. Efeu und wilde Reben überwuchern das baufällige Natursteinmauerwerk, von dem der Putz abbröckelt. Bei unserem Besuch an einem sonnigen Sommerabend bot das breite, ausladende Juragebäude mit seinem angewalmten flachen Giebel und seinem runden Torbogen einen recht malerischen Anblick. Doch nachts bei Vollmond, wenn die Fledermäuse durch die offenen Fensteröffnungen fliegen und das Käuzchen schreit, macht sie wahrscheinlich eher den Eindruck einer verwunschenen Geistermühle. Das Gebäude darf wegen Unfallgefahr nicht betreten werden. An der Mühle selbst ist keine Inschrift zu entdecken. Aber die Jahreszahlen am benachbarten Ökonomiegebäude verraten, daß dieses 1734 gebaut und 1900 renoviert oder umgebaut wurde. Die Mühle war bis 1970 als Getreide- und Ölmühle in Betrieb und steht seither still. An der Südostseite dreht sich noch ein mittelschlächtiges Eisenrad mit 32 Schaufelkammern, dreieinhalb Metern Durchmesser und anderthalb Metern Breite. Die Lager sind so stark eingefressen, daß man an der Oberseite einen Finger zwischen Achse und Lagerbüchse stecken könnte. Ein zweites Rad steht demontiert neben dem Gebäude. In der Wiese sind noch die Überreste seines einstigen Widerlagers zu entdecken.

Im Eisenmuseum von Vallorbe VD dreht sich ein altes Wasserrad, das einst Einrichtungen der Schmiede antrieb.

Vallorbe VD

Die Geschichte von Vallorbe ist die Geschichte seiner Schmieden. Bereits 350 Jahre v. Chr., so haben Ausgrabungen von Prof. Paul-Louis Pelet ergeben, verhütteten die Einwohner der Gegend das erzhaltige Gestein der Juraberge. Aus Steinen schichteten sie etwa anderthalb Meter hohe Öfen auf, im Innern mit Lehm ausgekleidet. Durch eine Luftdüse wurde das Feuer mit einem handbetriebenen Blasebalg angefacht.

>
Hammerschmiede Ankli in Beinwil SO.

Diese primitiven Erzöfen verlieren sich etwa im sechsten Jahrhundert unserer Zeitrechnung.
Seit dem zwölften Jahrhundert gibt es in Vallorbe eine Eisenindustrie. Die Voraussetzungen waren ideal: Die Orbe lieferte mit ihrer reichlichen Wasserführung und einem Gefälle von 1,3 Metern genügend Kraft zum Antrieb der Räder, die Wälder der Umgebung Holzkohle zum Feuern und Konstruktionsholz zum Bauen, und der Mont d'Orzeires an der Nordflanke des Dent-de-Vaulion das Eisenerz. Zu Beginn des sechzehnten Jahrhunderts gab es in Vallorbe drei Eisenhütten, in denen das Eisenerz zu schmiedbarem Eisen verhüttet wurde, und mehrere Schmieden.
Im Jahre 1495 erteilt Michel von Savoyen, Prior von Romainmôtier, dem Schmied Michel Valloton das Recht, in der Stadtmitte einen Schmiedehammer und einen Schleifstein mit Wasserkraft zu betreiben. Das ist die Geburtsstunde der ‹Grandes Forges› oder ‹Forges de la ville›, die nahezu ein halbes Jahrtausend lang in Betrieb waren, und in denen seit 1980 das Eisenmuseum von Vallorbe eingerichtet ist.
Die Vallotons blieben fast zweihundert Jahre lang im Besitz der Schmiede, die 1528 um einen Hochofen erweitert wurde. Die Hochöfen erlaubten die Herstellung von großen Mengen Gußeisen, das aber erst noch geläutert werden mußte, um es schmiedbar zu machen. Der Hochofen, einer von dreien in Vallorbe, war bis gegen Ende des siebzehnten Jahrhunderts in Betrieb. Dann brach die Gußeisenproduktion zusammen, da die Erzminen der Umgebung erschöpft oder nicht mehr genügend wirtschaftlich waren und die Holzköhlerei die Wälder zerstört hatte. Der Hochofen wurde 1705 abgebrochen.
Weitere bedeutende Besitzerfamilien sind die Favre, Truan und Viotti. Letztere gaben die Produktion im Jahre 1967 auf.
In den großen Schmieden von Vallorbe wurde fast alles gemacht, was es aus Eisen zu machen gab: Nägel, Ketten, verzierte burgundische Gürtelschnallen, Cheminéeplatten, Laternenpfähle, Feilen (zuerst von Hand und später mit einer von Grobet

Das tonnenschwere Pouli der ‹Infernales›.

1836 erfundenen Maschine gehauen), Rasierklingen usw.
Von den fünf Wasserrädern, die zu Beginn dieses Jahrhunderts in Betrieb waren, arbeiten noch vier im ursprünglichen Kanalbett. Eines wurde zu Schauzwecken ins Innere des Gebäudes verlegt, wo es sich im Freilauf dreht. Das größte Wasserrad, ‹la Danube› (Donau) genannt, mißt etwa vier Meter und weist eine interessante Speichenkonstruktion auf. Von dem Rad waren vor der Restauration nur noch die gußeiserne Achse, die Naben und einige morsche Speichen übriggeblieben. Nach einer Konstruktionszeichnung des Geometers Constant Bernard von Romainmôtier konnte das Rad in seiner ursprünglichen Form rekonstruiert werden.
Beim Eingang des Museums ist ein gigantisches Pouli, ein Rad zum Antrieb eines Flachriemens, zu sehen. Es hat einen Durchmesser von 246 Zentimetern und wiegt rund zwei Tonnen. Vor dem ersten Weltkrieg wurde es in den grandes forges installiert und trieb bis 1973 Schleifmaschinen an, die den bezeichnenden Namen ‹les infernales› trugen. Die Arbeiter saßen oben an der riesigen Schleifscheibe, die sich mit großer Geschwindigkeit drehte. Mehrmals gab es schwere Unfälle, als der Schleifstein zersprang.

Romainmôtier VD

In Romainmôtier, berühmt für seine alte Kathedrale, liegt direkt am Flüßchen Nozon, etwas südlich des Dorfkerns, die alte Schmiede. Ringsum erheben sich bewaldete Jurahöhen, und am Hang gegenüber steht die alte Mühle. Sie ist heute ein Arzthaus, ihr Wasserrad ist verschwunden.
Die Schmiede ist ein langgestrecktes Gebäude mit einem flachen Giebel. Es wird nur noch als Wohnhaus genutzt. Die Werkstatt im Erdgeschoß steht leer. Hufeisensymbole und die Inschrift ATELIER über der Rundbogentür verraten, daß hier ein Hufschmied tätig war. Emile Boulaz arbeitete hier bis zu seinem Tod im Jahre 1959. Vor etwas über hundert Jahren brannte das 1545 erbaute Gebäude ab und wurde von César Boulaz, dem Vater des letzten Schmieds, wieder aufgebaut. Davon zeugt die Inschrift ‹BC 1883› am Fußboden gleich hinter der Eingangstür.
Das kleine mittelschlächtige Eisenrad, zwei Meter im Durchmesser und einen halben Meter breit, dreht sich noch immer in seiner Nische zwischen dem gemauerten Kanalbett und der nordöstlichen Wand des Gebäudes. Aber die Schmiedeeinrichtungen sind nicht mehr im Betrieb.

Col-des-Roches NE

Die einzigartigen unterirdischen Mühlen von Col-des-Roches waren bereits vor Jahrhunderten eine weit über die Landesgrenzen hinaus bekannte Attraktion. Seit den siebziger Jahren sind die Restaurationsarbeiten im Gang. (Siehe auch S. 56ff.)

Corcelles BE

Die Hammerschmiede von Corcelles im bernischen Südjura wird von einem Wasserrad angetrieben, das aus dem Jahre 1916 stammt. Es setzt zwei Hämmer von 80 bzw. 30 Kilogramm Gewicht in Bewegung. Auch ein Schleifstein kann per Riementrieb zugeschaltet werden.
In Corcelles gab es früher auch eine Mühle. Ihr hölzernes Wasserrad schmückt jetzt einen Garten im oberen Dorfteil.

Beinwil SO

Die Hammerschmiede Ankli in Unterbeinwil gehörte früher dem Kloster Beinwil. Das jetzige Gebäude stammt aus dem Jahre 1835. Die Schmiede ist noch funktionstüchtig, steht aber seit einigen Jahren still. Bereits in den sechziger Jahren hatte die Wasserkraft der Lüssel für einen vollen Betrieb nicht mehr ausgereicht: das Rad leistete bloß zwei, bestenfalls drei Pferdestärken. Ein höheres Wehr hätte die Leistung steigern können, aber dann wäre wahrscheinlich das anstoßende Land bei Hochwasser überschwemmt worden. Der letzte Schmiedemeister, Johann Ankli, starb

1986. Um den Unterhalt des unterschlächtigen Wasserrades kümmert sich jetzt der Heimatschutz.

Therwil BL

Die niedere Mühle von Therwil besaß früher zwei Wasserräder. Das eine trieb einen Mahlgang, von dem noch ein alter Mühlstuhlpfosten mit der Jahreszahl 1564 erhalten ist. Das zweite Rad, ganz aus Eisen, mit einem Durchmesser von 3,40 Metern, trieb eine Knochenstampfe und Wasserpumpe für eine Gärtnerei. Seit die Holzzähne des Kammrades zu Bruch gingen, ruht die an sich noch funktionstüchtige Stampfe. Über ein Steigrohr (Düker) mit quadratischem Querschnitt wird das Wasser auf das oberschlächtige Rad geführt. Via Transmissionsriemen setzte das Wasserrad mit einer Leistung von rund 5 PS zwei Stampfwerke mit je vier 75 Kilogramm schweren eisernen Stößeln in Bewegung. Die eisernen Stampftröge haben an ihrer Vorderseite schlitzförmige Öffnungen, durch die das entsprechend fein zerstampfte Material in eine Rinne fällt. In dieser Rinne dreht sich eine Transportschnecke. Sie befördert das Stampfgut zu einem Becherelevator, der es hochnimmt und auf ein leicht schräges Rüttelsieb, einen sogenannten Sichter, schüttet. Das feine Mehl fällt durch das Sieb in eine Absackvorrichtung, zwei Fallrinnen befördern den Schrot wieder in die beiden Stampftröge zurück.

Maisprach BL

Die Mühle von Maisprach steht an einem steilen Schattenhang unterhalb eines kleinen Wäldchens. Zwei mächtige Wasserräder nützen ein Gefälle von insgesamt zehn Metern aus. Dank dieser günstigen Lage brachten es die Maispracher Müller zu Wohlstand. Sie galten im achtzehnten und neunzehnten Jahrhundert als die reichsten Einwohner des Dorfes. Johannes Jakob Wirz war Großrat in Basel und hinterließ 1817 ein Vermögen von über 200 000 Franken – beim damaligen Geldwert eine riesige Summe.

Weil die Familie Wirz baseltreu war, hielt auch das ganze Dorf zu Basel. In den Trennungswirren im letzten Jahrhundert, als sich die Landschaft von der Stadt löste und einen eigenen Halbkanton bildete, wurde die Mühle deshalb von Landschäftler Anhängern geplündert und beschädigt.
Auch siedlungsgeschichtlich kommt die frühere Schlüsselrolle der Maispracher Mühle zum Ausdruck. Sie bildet den Kopf einer Häuserzeile, die später an die Mühle angebaut wurde. Parallel dazu steht eine zweite Häuserzeile. Dieser Weiler, das ‹Unterdorf›, verdankt wahrscheinlich seine Entstehung der florierenden Mühle.
Zur Mühle gehört auch ein separates Kellergebäude mit Rundbogen-Eingang. Ein Steinmetz-Zeichen mit der Jahreszahl 1729 und den Initialen GKM weist auf das Baujahr hin. Hier lagerte der Müller offenbar Wein aus den umliegenden Weinbergen, die sich heute noch an den sanften Rundungen der Hügel rings um das Dorf ausbreiten, bis hinauf zu den bewaldeten Kuppen.
Als Dampf und Elektrizität die Wasserkraft ablösten, verlor die Maispracher Mühle ihre wirtschaftliche Bedeutung. Seit vier Generationen ist die Mühle im Besitz der Familie Graf. Das Kundenmehl – etwa zweihundert Tonnen pro Jahr, Weizen, Hafer und Gerste – wird jetzt mit einem elektrisch betriebenen Walzenstuhl gemahlen.
Das obere Rad befindet sich freistehend an einem kleineren, etwa zehn Meter von der Mühle entfernten Nebengebäude, einer früheren Reibe. Bereits im sechzehnten Jahrhundert stand an derselben Stelle eine Reibe, die 1609 zusammen mit der Mühle abbrannte und 1637 von Jacob Graf wieder aufgebaut wurde. Westlich der Reibe steht ein noch kleineres Gebäude, die sogenannte Beimühle. Sie diente offenbar der Auslastung des oberen Rades, wenn die Reibe nicht benützt wurde.
Das untere Rad am Mühlengebäude war früher durch einen kleinen Anbau geschützt, der im Laufe der Jahre nach und nach auf die Höhe des Hauptgebäudes ausgebaut wurde.

Schmiede von Corcelles BE.

Die beiden oberschlächtigen Wasserräder mit fünf Meter Durchmesser und einem Meter Breite waren bis etwa 1960 in Betrieb. Dann zerfielen sie und mußten im Zuge einer allgemeinen Renovation unter Aufsicht des Baselbieter Heimatschutzes im Stil des neunzehnten Jahrhunderts erneuert werden. Ende Mai 1984 wurden die neuen Wasserräder eingeweiht. Achse und Nabe sind aus Guß, die Speichen, der Radkranz mit den eingelassenen Schaufeln, die Zellen von 75 Liter Inhalt bilden, aus Holz. Die neuen Räder treiben nichts mehr an. Das Wasser wurde früher durch einen etwa 900 Meter langen Kanal aus dem Buuser Bach herangeführt.
Von den drei alten Mahlwerken ist nur noch ein Rellgang vorhanden, der noch immer funktionstüchtig ist. Zum Rellen, das heißt Entspelzen der alten Getreidesorten wie zum Beispiel Dinkel, gibt es nach wie vor keine bessere Methode, wie Kundenmüller Otto Graf versichert.
Im Obergeschoß mietete sich Ende des letzten Jahrhunderts eine kleine Uhrensteinfabrik ein. An diese erinnern eine Dachbrücke zwischen der Reibe und der Mühle und eine Fensterfront an der Ostfassade. Unter dem Dach lief der Transmissionsriemen, der die Kraft vom oberen Wasserrad zum Fabrikationsraum übertrug, und die große Fensterfront, die damals eingebaut wurde, sorgte für Licht bei der feinmechanischen Arbeit.

Densbüren AG

Die alte ‹Sagi› von Densbüren war seit Menschengedenken im Besitz der Familie Muster. Gründer der Densbürer Sägerdynastie war Ende des siebzehnten Jahrhunderts ein aus dem Emmental zugewanderter bernischer Untervogt (der Aargau war damals bernisches Untertanengebiet). Muster scheint ein populärer Regierungsherr gewesen zu sein, denn er wurde nach dem Regimewechsel zum ersten Gemeindeamtmann gewählt.
Beim Bau der Bözbergbahn (1874 eröffnet) lief die Sagi von Densbüren auf Hochtouren: Sie lieferte Schwellen für den Schienenstrang und Stützbalken für den Tunnelbau. Für heutige Verhältnisse war der Ausstoß allerdings bescheiden: nach Schätzungen von Fachleuten etwa zwei Kubikmeter pro Tag. Der letzte Sägermeister von Densbüren, Adolf Muster, starb 1961. Die Säge zerfiel und wäre beinahe dem Ausbau der Staffeleggstraße zum Opfer gefallen. Die aargauischen Behörden besannen sich jedoch eines Besseren und ließen sie restaurieren.
Ursprünglich war die Säge mit einem unterschlächtigen Wasserrad ausgerüstet. Nachdem aber um die vergangene Jahrhundertwende ein Kind in den Kanal gefallen und ertrunken war, wurden Wasserzufuhr und Radkonstruktion geändert. Das oberschlächtige Wasserrad aus Eichenholz, in den siebziger Jahren nach altem Vorbild rekonstruiert, hat einen Durchmesser von 4,7 Metern, zwei mal acht Speichen und ist 90 Zentimeter breit. Auch das Gerinne, seit den vierziger Jahren ein Betonkanal, wurde wieder in Eiche neu-alt erstellt. Das Rad treibt eine Einfach-Gattersäge. Sie kann, als lebendiges Freilichtmuseum, jederzeit in Betrieb gesetzt werden.

Schinznach Dorf AG

In dem alten habsburgischen Weinbauerndorf Schinznach sind 1317 zwei Mühlen urkundlich bezeugt, die obere und die untere. Anfangs des neunzehnten Jahrhunderts wurde talwärts eine weitere Mühle errichtet, so daß die untere zur mittleren Mühle wurde. Diese besitzt heute noch ein Wasserrad, früher waren es zwei.
Das oberschlächtige eiserne Wasserrad mit einem Durchmesser von fünf Metern trieb einmal drei Mahlgänge an. Sie ruhten auf einem prächtigen Mühlenstuhl mit fünf gedrechselten Eichensäulen. Das mittlere Mahlwerk ist noch erhalten geblieben. Im Jahre 1939 wurde ein Walzenstuhl eingebaut, mit dem Adolf Hartmann-Hiltpold seine Kundenmüllerei betrieb. Die Wasserkraft aus dem Thal- und dem Warmbach reichte nicht mehr aus, sie wurde durch einen zugeschalteten Elektromotor verstärkt.

Altes Kammrad als Fassadenschmuck in Scherz AG.

<
Das obere der beiden restaurierten Wasserräder von Maisprach BL.

>
Es trägt Spuren des Alters, leistet aber noch tadellos seine 5 PS: oberschlächtiges Wasserrad der Sägerei Bise in Estavayer-le-Lac FR.

Brugg AG

Die Brunnenmühle in Brugg gehört seit 1896 der Einwohnergemeinde. Das zerfallene Gebäude wurde in den siebziger Jahren restauriert. Die Einwohner wollten auf die Wiederherstellung der alten Mühlräder mit öffentlichen Geldern verzichten. Eine Anzahl von Mühlenliebhabern veranstalteten daraufhin mit Erfolg eine private Geldsammlung. Dank dieser Initiative konnten die beiden mächtigen oberschlächtigen Eichenräder restauriert werden. Das erste, mit einem Durchmesser von fünf Metern, einem Gewicht von zweieinhalb Tonnen und 32 einen halben Meter breiten Schaufelkammern wurde im November 1973 montiert, das zweite im August 1975.

Böttstein AG (**Mühle**)

Das größte Mühlrad Europas, leider am Zerfallen, befindet sich in der Mühle von Böttstein (nicht zu verwechseln mit der benachbarten Ölmühle). Über den Durchmesser des oberschlächtigen Wasserrades kursieren verschiedene Zahlen. Wir haben nachgemessen und kommen auf folgende technische Daten: Durchmesser 9,6 Meter, Breite 0,80 Meter; 2 mal 12 Speichen, durch inneren Ring verstrebt; 84 Schaufelkammern. Achse und Naben sind aus Gußeisen. Das innenverzahnte Kammrad für die Kraftübertragung mit einem Durchmesser von 6,4 Metern ist direkt an den Speichen montiert.
Die Mühle wurde 1601 erbaut, sie gehörte ursprünglich zum Schloß Böttstein. Im Jahre 1839 gelangte sie in Privatbesitz. Das Wasserrad wurde 1931 von einer deutschen Mühlenbaufirma neu erstellt. Bis 1973 trieb es die Kundenmühle von Karl Ringgeli an.

Böttstein AG (**Öle und Säge**)

Jahrhundertelang versah sie ihren Dienst, und tadellos funktionstüchtig ist sie heute noch: die landesweit bekannte Ölmühle von Böttstein. Weit über hundert Schulklassen und Reisegesellschaften besichtigen sie jedes Jahr und lassen sich von Eduard Keller vorführen, wie aus Mohnsamen, Wal- und Buchnüssen einst Öl gepreßt wurde (mehr darüber S. 55).
Die ‹Öli› soll 400 Jahre alt sein, ihr genaues Alter ist aber nicht bekannt. Immerhin ist ein Dokument überliefert, aus dem hervorgeht, daß ihr Besitzer 1799 den französischen Besatzungstruppen Öl abliefern mußte. Bis 1963 preßte Keller noch Öl und betrieb gleichzeitig eine Säge. Durch die Konkurrenz der modernen Ölfabriken wurde das Pressen unrentabel. Zwei dieser Firmen kauften Keller die Öle ab, ließen sie instandstellen und schenkten sie im Mai 1967 der historischen Vereinigung des Bezirks Zurzach.
Das oberschlächtige Rad mit einem Durchmesser von 5,4 Metern stammte aus den dreißiger Jahren und wurde Ende 1986 durch ein neues ersetzt. Es dreht sich, vor Witterung geschützt, in einem Anbau. Das Wasser zum Antrieb stammt aus einer eigenen Quelle. Die Säge wird schon seit vielen Jahren nicht mehr mit dem Rad betrieben, da dessen Kraft nicht ausreicht.

Die Mühlen des Mittellandes

Estavayer-le-lac FR (**Säge**)

Oberhalb des Städtchens, in Richtung Payerne, befindet sich die Sägerei Bise. Ernest Bise betreibt seine Kundensäge seit 50 Jahren, er hat das Geschäft von seinem Vater übernommen. Bise führt kleinere Aufträge für Handwerker und Bauern aus: Balken, Dachlatten, Bretter, nie in großen Mengen. Das oberschlächtige Eisenrad mit vierein-

>
Krummmatt-Mühle in Flamatt FR.

Ein Blick ins Radhaus der Mühle Pillenel in Estavayer-le-Lac FR.

Die Stadtmühle von Murten mit ihrer kargen Wasserversorgung.

halb Meter Durchmesser und einer Breite von 1,2 Metern, zweimal acht Speichen und vierzig Schaufelkammern dreht sich unter Last etwa zehnmal pro Minute und leistet je nach Wassermenge etwa 5 bis 8 Pferdestärken. Das reicht für den Betrieb der Säge nicht aus, deshalb ist noch ein Elektromotor zugeschaltet. Das Rad soll nach Angaben von Ernest Bise weit über hundert Jahre alt sein. Es ist durch einen offenen Anbau vor der Witterung geschützt.
Jedesmal, wenn er es in Betrieb nimmt, macht Bise den Gang zum Rad, um das Lager zu schmieren. Das Lager ist die Schwachstelle. Wenn es schlecht gewartet ist, kann es in kürzester Zeit ausleiern, und dann muß man das tonnenschwere Rad ausbauen und das Lager mit viel Aufwand erneuern.
Das Sägereigebäude ist im rechten Winkel an das kleine Wohnhaus angebaut. Im Keller befindet sich das große Kammrad aus Gußeisen mit eingesetzten Zähnen aus Ulmenholz. Dort laufen auch, bestäubt vom Sägemehl, die zahlreichen Transmissionswellen, Poulis und Riemen, die eine Sägerei zum Laufen bringen. Die einen dienen dem Antrieb des horizontalen Sägegatters, andere bewegen den Stamm vorwärts oder können, falls gewünscht, eine Schleifscheibe in Betrieb setzen.

Estavayer-le-lac FR (Mühle)

Am Ruisseau des moulins liegt die noch immer funktionstüchtige Mühle von Henri Pillenel mit der Adresse Moulin 2. Früher war der Mühle auch eine ‹batteuse› (Stampfe) angegliedert. Pillenel ist mit Leib und Seele Müller, er besucht auch andere Mühlen in der Schweiz und trägt Wissenswertes über seinen Berufsstand zusammen.

Murten FR

Ein schmales Rinnsal schlängelt sich in einem steinernen Bett durch die Parkanlage an der Ryf und verschwindet schließlich über einen Holzkännel im Radhaus. Kaum zu glauben, daß dieses Bächlein einst die Stadtmühle von Murten antrieb. Nur dank des großen Gefälles, das den Bau von zwei hintereinandergeschalteten Wasserrädern erlaubte, konnte mit optimaler Ausnützung der gegebenen Wasserkraft überhaupt eine Mühle betrieben werden.
Ständige Wasserprobleme begleiten die jahrhundertelange Geschichte der Stadtmühle. So wird in der Murtensatzung von 1393 jedem, der Wasser aus dem Mühlebach ableitet, eine Buße angedroht. In einer deutschen Fassung aus dem Jahre 1566 heißt es: «Unnd durch wölches sin matten der bach zu der müli flüsst, unnd einer denselbigen mülibach zu der zit, so man malen soll, in sin matten nimpt, abschlacht oder denselbigen verhindert, in wöllicher gestallt das bschäche, alls offt sich söllichs erfindt, so veruallt er umb fünff schilling guter lossner müntz.»
Besitzerin der Stadtmühle war das Katharinenspital, aber die Bürgerschaft von Murten führte die Aufsicht. Als einzige Mühle der Stadt war sie von großer wirtschaftlicher Bedeutung. Zwar gab es auch in den umliegenden Gemeinden Greng, Ulmiz, Gurwolf, Kerzers usw. Mühlen, aber die waren nicht in unmittelbarer Nähe der Stadt gelegen.
Im siebzehnten Jahrhundert mußten sich die Murtener in zermürbenden Prozessen gegen den Herrn von Münchenwyler, aus dessen Gebiet der Mühlebach zufloß, um ihre Wasserrechte wehren.
Nach der Reformation geriet die Mühle eine Zeitlang in Privatbesitz. Die Stadt kaufte sie 1628 zurück und behielt sie bis 1806. In jener Zeit übernahmen die Müller den lukrativen Getreidehandel; die Stadt profitierte davon, indem sie von den Mühlenpächtern, die meist aus den reformierten eidgenössischen Orten zuwanderten, einen hohen Mühlenzins verlangte. Außerdem kontrollierte sie den Getreidehandel mit strengen Reglementen und einem eigenen Kornhaus, in dem sämtliche Transaktionen abgewickelt werden mußten.
Diese Bedingungen schienen allerdings den Mühlenpächtern nicht sonderlich behagt zu haben, denn die meisten verlängerten ihre zwei- bis sechsjährige Pacht nicht. Durch den Einmarsch der Franzosen geriet die

>
Die Mühlen-Bank von Steffisburg BE.

Letzte Ruhestätte des letzten Müllers von Murten.

Knochenstampfe Winzenried in Wünnewil FR. Im Hintergrund die eisernen Stampfstößel.

Stadt in eine wirtschaftliche Notlage und verkaufte die Mühle 1806 an die Berner Patrizier von Grafenried. Diese stießen sie, weil sie längst nicht mehr rentierte, 1898 an den Müller Gottlieb Ramstein ab.
Ramstein starb 1943 völlig verarmt; sein Grabstein steht bei der Mühle. Das obere Wasserrad war längst zerfallen und seit Jahrzehnten nicht mehr in Betrieb, und die ganze Mühle war am Verlottern.
1945 kaufte die Stadt die Mühle zurück. In den siebziger Jahren wurde sie restauriert und ist heute ein Museum. Im Ausstellungsraum über das Neolithikum ist übrigens eine steinzeitliche Handmühle zu sehen, ein flacher Muldenstein mit einem runden Reibstein zum Zerquetschen der Körner. Solche Handmühlen gehörten vor vielen tausend Jahren in jeden Pfahlbauer-Haushalt.
Das größere der beiden restaurierten oberschlächtigen Wasserräder mit einem Durchmesser von fünf Metern befindet sich in einem Radhaus, das kleinere freistehend an der Südwestfassade.

Flamatt FR

Die Krummattmühle oder obere Mühle in Flamatt, unmittelbar an der Taverna an der Kantonsstraße nach Fribourg gelegen, wird erstmals 1633 urkundlich erwähnt. Besitzer war damals ein Kaspar Nösperger. Das Sandsteingewände der Eingangstür trägt die Inschrift ‹1851 Joseph Bingeli›. Auch der letzte Müller auf der Krummatt hieß Binggeli. Rudolf Binggeli betrieb die Mühle bis 1961, danach wurde sie stillgelegt. Heute ist sie ein rustikales Möbelhaus.
Der langgestreckte, dreißig Meter lange Bau besitzt ein Walmdach mit Ründe. Der Sockel ist massiv, die oberen Stockwerke sind in Riegelbauweise ausgeführt. Eine Außentreppe führt zum oberen Eingang mit Galerie. Auf der Südseite, gegen die Taverna hin, streckt sich ebenfalls eine Galerie über die ganze Länge des Gebäudes.
Das mittelschlächtige Fünf-Meter-Rad ist etwas über einen Meter breit. Die Wasserzufuhr ist schon längere Zeit abgeschnitten, und die Holz-Eisen-Konstruktion ist am Zerfallen.
Im Innern ist ein riesiges hölzernes Kammrad mit stark abgenutzten Zähnen erhalten. An der Decke und am Boden verlaufen noch die Transmissionswellen, die früher die Kraft des Wassers über Riemen auf die Mühleneinrichtung übertrugen. Die Mahlbühne mit einem Mahlwerk, Hebekran und Schütttrichter ist noch verhanden.

Steffisburg BE

Mühlen galten in früheren Zeiten als Quelle des Reichtums. Also ist es nicht abwegig, in einer stillgelegten Mühle eine Bank einzurichten, wie dies die Amtsersparniskasse Thun mit ihrer Filiale Steffisburg tat. Der prächtige Stein- und Riegelbau mit geschweifter Ründe und dem nach alten Vorbildern renovierten Wasserrad ist zu einer Attraktion des Steffisburger Unterdorfes geworden.
Die Grundmauern der Oberen Mühle von Steffisburg stammen wahrscheinlich aus dem siebzehnten Jahrhundert. Eintragungen in alten Urkunden deuten jedoch darauf hin, daß schon im Jahre 1354 an dieser Stelle eine Mühle gestanden hat. Diese Jahreszahl und ein heraldisches Mühlradsymbol sind über der alten Eingangstür auf der Westseite eingemeißelt. Sie wird heute nicht mehr benützt; der Eingang zur Bank befindet sich um die Ecke. Dort, wo jetzt die Schalterhalle eingerichtet ist, war ursprünglich ein hoher Mühlenraum. Davon zeugt noch ein alter, über zwei Geschosse durchgehender, profilierter Eichenpfosten im Schalterraum.
Das Gebäude war ursprünglich zweigeschossig und wurde Ende des achtzehnten Jahrhunderts um ein Geschoß in Riegelkonstruktion aufgestockt. Später kamen verschiedene Anbauten dazu. Bei der vorletzten Renovation wurde das Riegelwerk zum Teil verputzt.
Der Müller und frühere Besitzer Martin Gfeller führte seinen Betrieb, natürlich mit elektrisch betriebenen Walzenstühlen, bis Ende 1978. Wegen der Konkurrenz größerer Handelsmühlen lohnte sich die Müllerei mit den vorhandenen Einrichtungen nicht mehr.

KASSE
THUN

Das Gebäude wurde 1979/80 innen völlig umgestaltet; im vorderen Teil entstanden Schalter-, Kassen- und Tresorräume, im hinteren Teil wurden moderne Wohnungen eingebaut, unter anderem auch für den früheren Besitzer. Trotz diesen massiven Veränderungen bemühten sich die Architekten, die ursprüngliche Zweckbestimmung der Mühle wieder sichtbar zu machen. Die alten Riegelbalken wurden wieder hervorgeholt, und auf der Südseite dreht sich, wie in früheren Zeiten, ein unterschlächtiges Wasserrad. Hans Müller aus Hasle hat es nach altem Vorbild neu gebaut: Der Wellbaum ist aus einem kräftigen Eichenbalken gefertigt; auch das Rad ist, abgesehen von den verstärkenden Eisenreifen und Gewindebolzen, ganz aus Eichenholz, mit einem Durchmesser von drei Metern und einer Breite von 60 cm und dreißig Schaufelzellen. Die Radfelge wird von sechs kräftigen Einzelspeichen gestützt.

Büren a. A. BE

Oberhalb des Dorfes, jenseits der Bahnlinie, befindet sich am Städtiberg ein schöner Aussichtspunkt mit Spiel- und Grillplatz am Waldrand, in der Nähe einer Burgruine: wie geschaffen, um eine Mühlenbesichtigung mit einem gemütlichen Familienausflug zu verbinden.
Die kleine alte Bauernmühle von Büren an der Aare ist nur ein paar hundert Schritte entfernt. Außen ist der kleine Steinbau mit dem hölzernen Dachgeschoß und dem auf der Nordwestseite tief heruntergezogenen Vordach wieder tadellos instandgestellt. Zahlreiche freiwillige Helfer leisteten dabei Frondienste.
Das jetzige Gebäude stammt vermutlich aus dem siebzehnten Jahrhundert. Alte Urkunden bezeugen, daß an der Stelle schon im Jahre 1263 eine Mühle stand. Die Mühle wurde 1943 von der Bendicht-Moser-Stiftung gekauft, um sie vor dem Zerfall zu retten. Auch in den letzten Jahren waren wieder Renovationsarbeiten im Gang. Sie stehen unter Aufsicht der Vereinigung für Heimatpflege Büren a. A. und des Berner Heimatschutzes.
Zur Mühle gehört auch ein kleines steinernes Häuschen mit Kamin und einem Kellergewölbe. Es ist das ‹Mühlenstöckli›, vermutlich eine Wohngelegenheit für den Müller oder Müllerknecht. Die Hauptmühle, die sich etwa hundert Meter hangabwärts befand, steht heute nicht mehr.
Das oberschlächtige, 1985 bereits zum zweiten Mal renovierte Wasserrad nimmt mit seinem Durchmesser von etwa sechs Metern fast die ganze Länge der Südostfassade ein. Die zwei mal vier Speichen sind übers Kreuz gegeneinander versetzt. Entsprechend der geringen Wassermenge ist das Rad mit 40 Zentimetern sehr schmal. Ein modernes, selbstschmierendes Radlager sorgt für wartungsfreien Betrieb. Für die Kraftübertragung auf das Mahlwerk sorgen ein großes hölzernes Kammrad und ein Stirnrad aus Gußeisen mit eingesetzten Holzzähnen.
Das Wasser wird über eine hölzerne Druckleitung, einen sogenannten Teuchel, auf die nötige Fallhöhe gebracht. Der Sodmacher stellte diese Teuchel aus Fichtenstämmen her, die er der ganzen Länge nach durchbohrte. Die Stelle der Wasserfassung befindet sich dort, wo früher der untere Mühlenweiher lag, und zwar auf derselben Höhe wie die Austrittsstelle des Wassers. Um die Teuchel länger haltbar zu machen, wurden bei der Renovation Kunststoffrohre eingezogen.
Oben am Waldrand liegt der oberste, heute noch erhaltene Mühlenweiher, der in Trockenzeiten für einen gewissen Wasservorrat sorgte.

Oberwil BE

In Oberwil bei Büren an der Aare betreibt Bio-Bauer Ueli Otti nebenbei eine alte Mühle mit Wasserrad. Pro Jahr mahlt er damit etwa fünfzig Tonnen Getreide zu Bio-Mehl. Ein Teil des Mahlgutes stammt aus dem eigenen Anbau, der Rest sind Kundenaufträge. Obwohl die Mühle wegen der Konkurrenz durch die großen Handelsmühlen längst nicht mehr rentiert, führt Otti die Familientradition weiter. Sie geht bis ins sechzehnte Jahrhundert zurück. Seit ihrem

<
Die Mühle von Büren an der Aare. Am linken Bildrand ist der senkrecht aufsteigende Teuchel zu erkennen.

Bestehen ist die Mühle im Familienbesitz geblieben.
In Oberwil befindet sich ein weiteres Wasserrad. Im Antiquitätengeschäft Kislig, Mühlehohle, gibt es ein oberschlächtiges eisernes Mühlenrad mit sieben Meter Durchmesser. Es wurde 1940 angefertigt und ist nicht mehr in Betrieb.

Lützelflüh BE

Wasserradbetriebenes Pumpwerk in Bätterkinden BE.

Die Mühle von Lützelflüh wurde 1809 erbaut. Bis 1854 kamen verschiedene Nebengebäude dazu. 1878 war die Mühle im Besitz von Jakob Bärtschi. Nach verschiedenen innerfamiliären Wechseln, in deren Verlauf die Mühle auch verpachtet wurde, kaufte der vormalige Müllerknecht Leuenberger die Mühle im Jahre 1930 von der Erbengemeinschaft Bärtschi. Leuenberger betrieb die Mühle bis Ende 1960.
Nach ihrer Stillegung wurde sie von der Gemeinde Lützelflüh gekauft. Die Sängerin Jolanda Rodio übernahm die Mühle 1972 und begann das Kulturzentrum aufzubauen (siehe auch S. 60). Das Hauptgebäude wurde 1976 bis 1979 mit Hilfe der Eidgenössischen Denkmalpflege und der SUVA gründlich renoviert. Dabei wurde auch das mittel- bis unterschlächtige Wasserrad mit seinen breiten, angewinkelten Brettschaufeln wieder instandgestellt.
Gegenüber der Mühle, am anderen Ufer des Mühlenbaches, steht die ehemalige Ölribi. Ein Wehr und ein Wasserkanal erinnern noch daran, daß sich da einmal ein zweites Rad gedreht hat. Auch die Stelle des früheren Achslagers ist noch zu erkennen.
An der Straße steht ein Teil der alten gedeckten Holzbrücke, die einst über die Emme führte. Es soll die einzige gewesen sein, die nie durch ein Hochwasser weggeschwemmt wurde. 1902 wurde sie an den heutigen Platz verschoben und diente jahrzehntelang als Wagen-Remise.
Zur Mühle gehört ein Garten, der mit seinen symmetrischen, buchsbaum-eingefaßten Beeten einen etwas herrschaftlichen Anstrich hat, und ein Ententeich (kein Mühlenweiher).

>
Die Kulturmühle Lützelflüh.

Nächste Doppelseite: Zuppingerrad der Sägerei Roggwil BE.

Im Erdgeschoß befindet sich das Getriebe mit einem massiven Steinsockel, auf dem die zwei Metallpfeiler ruhen, die das Mahlwerk im ersten Stock tragen. Der Konzert- und Ausstellungsraum im ersten Stock ist eine weitläufige Diele mit Balkendecke, gestützt durch verstrebte Balkenpfeiler. An dieser Decke hängt noch die alte Transmissionswelle in ihren Lagern.

Zollbrück BE

In der Neumühle von Zollbrück produziert ein oberschlächtiges eisernes Wasserrad von nur 1,2 Meter Durchmesser, dafür über zwei Meter breit, Strom für die Bau- und Möbelschreinerei Jakob. Das Rad leistet 4 PS. Früher drehte sich an derselben Stelle ein hölzernes mittelschlächtiges Wasserrad von fünf Metern Durchmesser.

Bätterkinden BE

In Bätterkinden gab es laut Statistik des Eidg. Amtes für Wasserwirtschaft früher nicht weniger als vier mit Wasserrad betriebene Pumpwerke für die Wasserversorgung der Gemeinde. Am Schachenbächlein drehte sich das Rad von Jean Rüedi und Konsorten mit einer Leistung von zweieinhalb Pferdestärken. Ein gleich großes Rad von Gruber Hans und Konsorten gab es am Dorfbach, neben dem kleinen Rad von Hubler, Käsermann und Konsorten (2 PS) und der Pumpanlage von Rudolf Gruber-Messer (7 PS). Eine dieser Pumpmühlen fördert noch heute Grundwasser mit Wasserkraft, angetrieben durch ein vor einigen Jahren neu erstelltes hölzernes Rad.

Wyssachen BE

Die Bäckerei und Mühle Hess in Wyssachen besitzt ein Wasserrecht, das auf das Jahr 1530 zurückgeht. Das oberschlächtige eiserne Wasserrad mißt über fünf Meter und liefert, je nach Wasserzufuhr, bis zu 7 PS. Heute erzeugt es Strom für Wohnung und Bäckerei. Bis 1981 trieb es, unterstützt von einem Elektromotor, die Mühle. An alten Einrichtungen ist noch eine Stein-

röndle vorhanden. Das Mehl wird auf modernen Walzenmühlen produziert. Viele Mühlenkunden lassen einen Teil des Mehls in der angeschlossenen Bäckerei gleich zu Brot backen.

Gondiswil BE

Sägerei Nyffenegger in Gondiswil BE.

Die Sägerei Nyffenegger in Gondiswil wurde 1833 nach einem Brand neu aufgebaut. Das langgestreckte Gebäude ist noch weitgehend in seinem ursprünglichen Zustand erhalten. Der vordere Mittelpfeiler ist ein prächtiger gekerbter Gabelbalken. Die Wasserrechte dieser Säge gehen auf das Jahr 1520 zurück. Damals erhielt ein gewisser Hans Schürch das Recht, eine neue Mühle, Säge und Stampfe zu errichten. Wo sich diese genau befand, ist heute nicht mehr festzustellen. Hier der Wortlaut der Urkunde: «Wir der Schultheis und Rat zu Bernn, tund kundt mitt diserm Brieff, dass wir uff demüttig Bitt deshalb an uns gelangett, auch den unseren zu nutz und notturfft, unserem lieben getrüwen Hansen Schürchen von Gundiswil erloupt und nachgelassen habenn, uff Einer alten Mülistatt da sälbs zu Gundiswil gelägenn, Ein nüwe Müle zu buwen und uffzurichten, und zu der sälben ouch der Sagenn und Blöuwen (Stampfe), yetz da Sälbst gemacht, den Bach und Wasserung an dem Selben Aend zu bruchenn, wie das Sin nutz und notturfft wirdt erfordern, doch also und mitt Solichem bescheid, dass Er uns an unser Schloss Arwangenn und zu unseren handen zu Järlichem unabgänden Zins gäbenn und usrichten sölle zwen Bernn Mütt Mülekoren, thund dryg göuwer Mütt, Alles ane (ohne) abgang und ane unsern Kostenn und Schaden, Allso wo Er Solichs nit tun wurde, das wir die Müle, Sagenn und Blöuwe darumb mogen angriffen, vertigen und bezüchen Bis uff unser gutt Begnügen. Und allso zu yetz gelüttern Worten wellen wir die genannten Hans Schürchen und Sin erbenn by gemelter müly und dero lichung ouch dem bach darzugehörig lassen belibenn, und als Sich gebürt handt haben, schützen und schirmen. In Krafft dis brieffs, der des zu Urkund mit unserm anhangenden Sigel verwart. Actum Montag nach Lucie anno 1520.»

Im siebzehnten Jahrhundert gelangte die Sägemühle in den Besitz der Familie Anliker, die 1833 an den Wagner Jakob Nyffeler verkaufte, für 750 alte Schweizer Franken. Seit 1842 ist die Säge im Besitz der Familie Nyffenegger. Ihr Wert betrug damals 2775 alte Franken. Die Nyffeneggers bauten eine konzessionierte Schleife sowie eine Hirse- und Knochenstampfe ein, die vom Abwasser der Sägemühle angetrieben wurden.

Das oberschlächtige Wasserrad, vier Meter Durchmesser und ein Meter breit, ist im Stil des neunzehnten Jahrhunderts gebaut, mit zwei mal acht Speichen und 32 Schaufelkammern. Es dreht sich in einem Radhaus an der Nordostseite des Gebäudes. Der Kanal führt Wasser aus der Roth, einem Nebenflüßchen der Luthern, heran, etwa 80 Liter pro Sekunde. Die Leistung reicht aus, um mit einem Einzelblatt Balken zu sägen. Wenn mehr Blätter eingespannt werden, muß die Maschine zusätzlich mit Strom betrieben werden. Wenn das Wasserrad nicht zum Antrieb der Säge benutzt wird, kann es auch Elektrizität erzeugen.

Kleindietwil BE

Bis 1954 war das unterschlächtige Zuppingerrad der Reibe und Lederklopfe von Kleindietwil noch regelmäßig in Betrieb. In der Reibe wurden Knochen und Hülsenfrüchte zu Mehl verarbeitet. Funktionstüchtig ist heute nur noch die Lederklopfe mit einem Stahlstößel, der durch ein doppeltes Schwungrad mit Exzenter in Bewegung versetzt wird. Das vier Meter messende Wasserrad läuft seit einigen Jahren auf neuen Walzen-Rollagern, geschützt durch ein Dach.

Roggwil BE

In der Sägerei Walliswil, Roggwil, die in einem kleinen Tälchen nördlich des Dorfes am Napfflüßchen Roth liegt, haben alte und neue Technik den Kontakt zueinander verloren. Eine moderne Bandsäge zerteilt

>
Die Schlößlimühle in Aarau ist ein Museum.

schnell und präzise, aber mit einem ohrenbetäubenden Kreischen, so daß die Arbeiter Ohrenkappen tragen müssen, einen Stamm in Bretter. Daneben, an der Westseite des Gebäudes, unter dem Vordach, dreht sich beschaulich plätschernd ein Wasserrad, das vielleicht einmal vier oder fünf PS geleistet haben mag. Jetzt dreht es sich nur noch leer im Kreis.
Es handelt sich um ein sogenanntes Zuppingerrad (siehe S. 110f.) mit einem Durchmesser von vier Metern. Dies ist eine unterschlächtige Radkonstruktion, die um etwa 1870 aufkam. Achse, Naben, die zwei mal sechs Speichen und die Felgenreifen sind aus Eisen. Die dreißig je 1,2 Meter breiten Schaufeln bestehen aus mehreren Latten, die auf gekrümmten Eisenträgern verschraubt sind. Diese Räder hatten einen höheren Wirkungsgrad als die mit den üblichen geraden Brettschaufeln.
Im Sägemehlkeller dreht sich noch ein mächtiges Königsrad aus Guß, dem allerdings die Holzzähne schon lange ausgefallen sind.

Aarau AG

In der Stadt Aarau gab es früher drei Mühlen, in denen die Bürger ihr Korn mahlen lassen konnten: die obere Mühle an der heutigen Bahnhofstraße, die mittlere, auch Stadtmühle genannt, die vor einigen Jahren abbrannte, und die untere Mühle im Hammer. Die Schlößlimühle ist dagegen ein Museum, das der Stadt Aarau von den Ortsbürgern geschenkt wurde. Das Gebäude wurde 1984 renoviert. Die Mühleneinrichtung mit den beiden Mahlwerken stammt aus Bözen im Fricktal, Mitte 19. Jahrhundert. Jedes Jahr gibt es ein großes Schaumahlen, bei dem das Publikum auch Mehl kaufen kann.
Alle drei Mühlen wurden vom Aarauer Stadtbach angetrieben, der heute zum großen Teil eingedeckt unter der Altstadt durchfließt und nur stellenweise zum Vorschein kommt.
Über die alte Mühle im Hammer, die etwa hundertfünfzig Meter westlich der Schlößlimühle stand, liegt im Stadtarchiv eine Urkunde aus dem Jahre 1412, die von Herzog Friedrich von Österreich besiegelt ist. Es ist derselbe Herzog, der drei Jahre später am Konstanzer Konzil seine aargauischen Stammlande an die Eidgenossen abtreten mußte. Der Text der Urkunde lautet: «Wir Fridrich von gots gnaden hertzog ze Oesterich, ze Steyr, ze Kernden und ze Krain, graf ze Tyrol ect. tun kund, als wir unsere lehen beruft haben ze verlihen, also haben wir unsern getreuwen Ruedi Züricher und Cuntzman sein sun ain mülly, gelegen ze Arow zwischen der Statt und dem wasser verleihen wissentlich mit diesem brief, was wir ihnen darab ze recht verleihen mugen, das si und ir erben dise mit aller zugehorungen inn haben und niessen als lehens und landes rechts ist und sollen und davon sintzlich sein gewertig als lehenleut ihrem lehenherrn pflichtig sein und gepunden getreuwlich engeverde, mit urkund ditz briefs. Geben ze Baden an mittwuchen vor Pfingsten anno domini 18. mai 1412.» Ein alter Bodenstein aus der Mühle im Hammer ist auf dem Vorplatz der Schlößlimühle zu sehen.
Die Schlößlimühle, unterhalb des alten Turms (heute Stadtmuseum Alt-Aarau) an einem Hang Richtung Aare gelegen, ist von der Schloßseite her über einen hölzernen Steg zugänglich. Der untere Eingang ist ein großes zweiflügeliges Rundtor. Der Steinbau trägt ein Krüppelwalmdach.
Das unterschlächtige Strauberrad mit vier Metern Durchmesser und 32 etwa meterbreiten Holzbrettschaufeln befindet sich freistehend an der Nordseite, gegen die Aare hin.

Hallwil AG

An der alten Mühle des Schlosses Hallwil dreht sich seit Juli 1974 wieder ein unterschlächtiges Wasserrad aus Eichenholz. Es zählt 48 Schaufeln und hat einen Durchmesser von stattlichen fünfeinhalb Metern.

Wiggwil AG

An der Straße zwischen Auw und Wiggwil steht eine noch gut erhaltene Sägerei mit

<
Schloß Hallwil AG.

Nächste Doppelseite:
Alte Sagi Menziken AG. Der Blick aufs Rad ist erst seit der Renovation frei.

einem eisernen Wasserrad. Der Radkamm für die Kraftübertragung befindet sich direkt am Wasserrad, ähnlich wie bei der Säge von Ferreyres VD (s. S. 90f.).

Unterehrendingen AG

Am 10. Januar 1278 verlieh das neugegründete Kloster Wettingen einem ‹Chuonrad› von Ehrendingen das Recht, sein Handwerk als ‹Müllner› in der ‹Mülli im Waag› auszuüben. Die Tiefenwaage-Mühle gehört somit zu den ältesten Mühlen der Schweiz. Das heutige Gebäude stammt aus dem fünfzehnten Jahrhundert. Das Müllergeschlecht der Schmid mahlte hier zuerst Getreide und stieg dann groß in die Gipsfabrikation ein. Der Gipsstein wurde an der Lägern abgebaut und ins Surbtal gekarrt. In der Tiefenwaag und in anderen Mühlen wurde er zu Gipsmehl für den Bau und zu Düngezwecken verarbeitet. Der Name ‹Waag› bezeichnet gewöhnlich eine Stelle, wo das Gelände abschüssiger wird und das Wasser schneller zu fließen beginnt. Solche Stellen waren gute Standorte für Mühlen. Das Wasserrad, vor Jahren völlig zerfallen, ist heute restauriert.

Sagi Menziken AG: auch mit Wasserkraft gibt's einen exakten Schnitt.

Der nächste Schnitt wird vorbereitet.

Menziken AG

Mitten im Dorfzentrum von Menziken ist heute wieder ein Stück alte Gewerbekultur zu bewundern. Die ‹Sagi› verdankt ihren einzigartigen Standort der günstigen Wasser- und Verkehrslage am Flüßchen Wyna und an der Landstraße Aarau-Luzern. Das Wasserrad mit seinen neu erstellten Schaufeln ist jetzt durch ein ‹Fenster› vom anderen Ufer der Wyna aus sichtbar. Ab und zu finden an Samstagen Sägedemonstrationen statt. (Auskunft bei ‹Vereinigung Sagi Menziken›, Peter Siegrist, Hauptstraße 73, 5737 Menziken.)
Wann die Säge erbaut wurde, ist nicht genau bekannt. Es gibt lediglich ein amtliches Dokument vom 13. Januar 1860, in dem es heißt: «‹Der Gemeinderath von Menziken bezeugt hiermit: daß die Sägemühle des Herrn Jacob Weber, von da, nach den Aussagen von zuverlässigen Zeugen, schon vor 1804 bestanden habe und vermutlich im Jahre 1801 gebaut worden sei.›» Diese Bescheinigung war für den Säger von großer wirtschaftlicher Bedeutung, galt doch der 25. Mai 1804 als Stichtag für die Anerkennung alter Wasserrechte.
Im selben Jahr 1860 bestätigte der aargauische Regierungsrat die Wasserrechte der Säge als ‹ehehaft›. Das heißt, für die Nutzung des Wassers mußte kein Zins bezahlt werden. Jacob Weber durfte bei einer Fallhöhe von vier Fuß eine Wassermenge von ‹12 Cubikfuß in der Sekunde› nutzen, was einer Leistung von ‹4,80 Pferdestärken› entsprach.
Die alte Säge war von Jakob Merz erbaut worden. 1830 verkaufte Merz an die Familie Weber. Fünfzig Jahre lang versah die Säge dann noch ihren Dienst. Dann war sie so baufällig geworden, daß Weber das Gebäude abreißen und neu aufbauen ließ. Um die Jahrhundertwende wurde das Wasserrad ersetzt; es ist das Rad, das inzwischen total überholt und mit neuen Schaufeln versehen wurde.
Der letzte Besitzer und ‹Sager›, Alfred Weber, betrieb sein Gewerbe noch bis 1969. Nach seinem Tod stand die Sagi still und wurde mit den Jahren immer baufälliger. Dank einer Initiative des Verkehrs- und Verschönerungsvereins, die in der Bevölkerung und bei Geldgebern große Unterstützung fand, konnte die Sagi gerettet werden. Mit einem Budget von 300000 Franken wurde sie in mehr als 4000 Stunden Fronarbeit instandgestellt und am 31. Mai 1986 mit einem Volksfest eingeweiht.
Das langgestreckte Gebäude steht auf einem gemauerten Sockel unmittelbar an der Wyna. Im geräumigen Radhaus ist das ‹Sagistübli› eingebaut. Hier sollen einst die Dorfgrößen Politik gemacht haben.
Ein dreiteiliges Hauptwehr lenkt das Wasser in einen Seitenkanal, das überschüssige Wasser fließt über ein Seitenwehr wieder in die Wyna zurück. Die nutzbare Wassermenge von 324 Litern pro Sekunde kann mit einem Regulierwehr gesteuert werden.
Das unterschlächtige Wasserrad hat einen

Durchmesser von viereinhalb Metern und ist einen Meter breit. Es ist eine abgewandelte Strauberkonstruktion mit 32 gewinkelten Brettschaufeln, die samt den Schaufelträgern bei der Renovation erneuert wurden. Die Felgen und die zwei mal acht hölzernen Speichen sowie die gußeiserne Achse mit den Nabenrosetten stammen noch vom Anfang dieses Jahrhunderts. Ein innenverzahntes gußeisernes Zahnrad mit 250 Zähnen an der inneren Felge des Wasserrades überträgt die Kraft via ein Ritzel auf das Getriebe im Sägekeller. Unter Last dreht sich das Rad mit ungefähr vier Umdrehungen pro Minute und leistet brutto 5,18 PS. Bei Wassermangel übernimmt ein Elektromotor den Antrieb.

Willisau LU

Eines der wenigen Wasserräder, das den Modernisierungsschub in der Müllereitechnik unbeschadet überstanden hat, leistet in der Stadtmühle Willisau noch täglich seine Arbeit von schätzungsweise acht Pferdestärken. Die früheren Mühlsteine sind längst modernen Walzenstühlen gewichen. Sie werden nicht nur elektrisch, sondern zusätzlich durch die umweltfreundliche Wasserkraft angetrieben, die über eine etwa zehn Meter lange Transmissionswelle und zahlreiche Riementriebe auf die Maschinen verteilt wird.
Das oberschlächtige Fünf-Meter-Rad ist über einen Meter breit, besitzt zwei mal acht Sprossen und ist ganz aus Eisen. Es drehte sich früher frei unter dem Vordach an der Außenseite der Stadtmauer. Durch einen Anbau kam es ins Innere des Gebäudes zu liegen. Das Wasser aus der Enziwigger, einem der vielen Napfflüßchen, wird über einen kilometerlangen Mühlenbach herangeführt. Eine Regulierklappe am Kännel kann über ein Gestänge mit Steckbolzen an einem Lochbrett verstellt werden, um die Wassermenge und damit die Leistung des Rades zu steuern.
Die Stadtmühle von Willisau, an der Stadtmauer in der Nähe des oberen Tores neben Kirche und Pfarrhaus gelegen, ist wahrscheinlich über siebenhundert Jahre alt. Die jahrhundertealten Balken sind noch tadellos erhalten.
Urkundlich erwähnt wird sie erstmals 1360, als Graf Heinrich von Nellenburg die Mühle, die er zuvor an Johannes von Büttikon verpfändet hatte, wieder einlöst. 1407 kauft die Stadt Luzern die Willisauer Stadtmühle von den Grafen Aarberg-Vallendis. Die Lehenmüller hatten der Stadt Luzern zunächst einen jährlichen Zins von 23 Mütt Kernen zu bezahlen. Offenbar war das ein bißchen hoch gerechnet, denn 1434 mußten die Müller lediglich noch 10 Mütt Kernen (gerellt, d. h. entspelzt) und 5 Mütt Mülikorn (nicht gerellt) zinsen, 1486 noch 10 Mütt Kernen.
Schuld an dieser Zinssenkung war aber sicher auch ein Konjunkturrückgang im fünfzehnten Jahrhundert, ausgelöst durch sinkende Bevölkerungszahlen nach Pest- und anderen Epidemien. An Mühlen gab es damals keinen Mangel. Wenn einem Müller der hohe Zins nicht paßte, kündigte er einfach seinen Lehensvertrag und zog weiter. So zum Beispiel der Stadtmüller Hentzmann Schufler. Ihn hatten die Willisauer Stadtoberen dazu zwingen wollen, die Kosten für den Unterhalt des Mühlebaches zu übernehmen. Schufler ließ sich das nicht bieten und wechselte von der Stadtmühle auf die weiter oben gelegene Grundmühle. Dort mußte er zwar einen etwas höheren Zins bezahlen, erzielte dafür aber auch ein entsprechend höheres Einkommen.
Bei Trockenheit litt die Stadtmühle Willisau empfindlich unter Wassermangel. Seit 1486 bestand deshalb ein Vertrag mit der Mühle Burgrain, wonach der Stadtmüller das Recht hat, bei Trockenheit in Burgrain zu mahlen. Seit 1952 ist die Stadtmühle Willisau im Besitz der Familie Schüpfer, die bereits in der vierten Generation müllert. Bis 1964 wurde noch Backmehl gemahlen, seither ausschließlich Futtermehl für die Bauern. Seit der Bund keine Mahlprämien mehr für die Selbstversorgung der Bauern mit Brotgetreide ausrichtet, sind die Kundenaufträge spürbar zurückgegangen.

Stadtmühle Willisau LU.

Der Stempel verrät Liebe zur Tradition.

Im Antriebsraum der Säge von Beromünster LU.

>
Schloßmühle Ballwil LU.

Nächste Doppelseite: Oberschlächtiges Wasserrad der Eichmühle Hettlingen ZH.

Übernächste Doppelseite: In der Hanfreibe, die zur Eichmühle Hettlingen gehört, sind prächtig verzierte Balken zu bewundern. Im Vordergrund rechts die Reibe mit dem kegelförmigen Drilling.

Ballwil LU

Die kleine Schloßmühle von Ballwil gehörte sicher nicht zu den bedeutenden Mühlen im Kanton Luzern, von denen es vor zweihundert Jahren noch etwa 150 gab. Über ihre Geschichte ist demzufolge nur sehr wenig bekannt. Zum Gutsbetrieb der Burg Ballwil gehörte wahrscheinlich seit alters auch eine Mühle. Sie muß zeitweise außer Betrieb gewesen sein, denn 1560 ersuchte der Landwirt Christen Puur beim Kleinen Rat von Luzern um die Bewilligung zum Bau einer Mühle. Er begründete dieses Gesuch damit, daß schon früher eine Mühle dagewesen sei. Ob es sich um den Standort der heutigen Schloßmühle handelt, ist allerdings nicht bekannt. In Krisenzeiten scheint sie jeweils schnell wieder aufgegeben worden zu sein. So fehlt sie zum Beispiel in den amtlichen Steuerlisten von 1691 bis 1701.
Das heutige Gebäude, etwas oberhalb des Dorfes an der Straße nach Ottenhusen gelegen, stammt vermutlich aus dem siebzehnten oder achtzehnten Jahrhundert. Die Gemeinde kaufte es im Frühjahr 1979, und im gleichen Sommer begannen Ballwiler Lehrlinge in einem Arbeitslager mit den Renovationsarbeiten.
Die Mühle wurde in den Zustand von 1850 zurückversetzt. Dabei wurde unter anderem auch das später angebaute Radhaus wieder abgebrochen. Handwerker setzten das oberschlächtige Wasserrad wieder instand. Es hat einen Durchmesser von vier Metern und ist 60 Zentimeter breit. Achse und Nabe sind aus Gußeisen, die zweimal sechs Speichen, die Felgen und die 30 Schaufeln aus Holz. Im Spätherbst 1979 war die erste Etappe der Restauration abgeschlossen, das Rad drehte sich wieder.
Der untere Teil des Gebäudes besteht aus massivem Natursteinmauerwerk, der obere Teil ist eine Bohlenständerkonstruktion. Im hohen Mühlenraum ist alles vorhanden, was man zum fachgerechten Mahlen braucht: auf einem massiven Eichengestühl zwei Mahlgänge, die mittels Riementrieb in Gang gebracht werden können, ein Mehltrog mit Windkanal und Rüttelschuh – aus einer Luke in der Mauer wird frische Luft angesaugt, die die Spreu vom Weizen trennt –, verschiedene alte Furchen-, Spitz-, Kron- und Stockhämmer zum Bearbeiten der Steine, alte Holzlehren, Reinigungswerkzeuge usw.
An der Wand des Mühlenraumes steht folgender Spruch: «Unser Leben ist so bunt/Es geht auf und ab und rund/Laß Freude, Glück und Sonnenschein/Dir Wasser auf dein Mühlrad sein.»
Jedes Jahr findet Ende August das ‹Schloßmülifest› statt. Dann wird gemahlen, und man trifft sich in der ehemaligen Kornschütte im Obergeschoß, die jetzt als Vereins- und Festlokal eingerichtet ist.

Thalwil ZH

An der Mühlebachstraße in Thalwil steht eine Säge und Mühle. Die alten Einrichtungen der Säge stammen aus dem Jahre 1600 und sind damit die ältesten im Kanton Zürich. Bis 1923 trieb der Mühlebach die Säge an, dann wurde der Bach eingedolt und die Säge auf elektrischen Betrieb umgestellt.
Dank einer Initiative der ‹Jungen Wirtschaftskammer Zimmerberg› und zahlreicher Gönner konnten zuerst Säge und Wasserrad, später auch die Mühle restauriert werden. Das Rad ist oberschlächtig und hat einen Durchmesser von 5,40 Metern. Die Mühleneinrichtung stammt aus Acla/Medel GR.

Hinteregg ZH

In der Sägerei Thommen in Hinteregg läuft seit 1982 wieder ein restauriertes, oberschlächtiges Wasserrad. Es hat einen Durchmesser von sechs Metern. Auch das Kammrad und die übrigen Einrichtungen der alten Säge – das Gebäude stammt aus dem sechzehnten Jahrhundert – sollen nach und nach renoviert werden.

Bäretswil ZH

Die alte Sägerei Stockrüti läuft seit Juni 1984 wieder mit Wasserkraft. Ein 5,5 Meter großes, oberschlächtiges Eisenrad treibt

<
Geigenmühle Neerach ZH mit rückenschlächtigem Wasserrad. Für einen oberschlächtigen Betrieb des großen Rades, der mehr Energie liefern würde, reicht die Höhe der Wasserzufuhr nicht aus.

Wirtshausschild der Eichmühle von Hettlingen ZH

über Kammräder und Riementransmission eine Einfach-Gattersäge an.
Für die Restauration hat sich der Verein zur Erhaltung alter Handwerks- und Industrieanlagen im Zürcher Oberland eingesetzt. Zusammen mit weiteren restaurierten Anlagen aus frühindustrieller Zeit ist sie einem ‹Industrielehrpfad› eingegliedert, der die Geschichte dieser Region mit ihrer in der Schweiz wohl einmaligen Fabrikdichte anschaulich machen soll (siehe auch S. 22).

Bassersdorf ZH

Die alte Sagi im Wiesental war früher auch einmal eine Mühle. Dies geht aus einer Urkunde aus dem Jahre 1629 hervor, in der sie zum erstenmal erwähnt wird. Die stillgelegte Sägerei wurde 1969 von der Gemeinde Bassersdorf gekauft, um sie vor dem Verfall zu retten. Von 1976 bis 1979 restaurierten zwölf freiwillige Helfer, darunter eine Mittelschülerin, in 7000 Stunden Fronarbeit die gesamte Einrichtung. An den Kosten von 230 000 Franken beteiligten sich neben der kantonalen Denkmalpflege viele lokale Sponsoren. Das oberschlächtige Wasserrad dreht sich in einer Nische des langgestreckten Gebäudes am Waldrand. Es hat einen Durchmesser von 5,4 Metern, ist einen Meter breit und treibt eine Einfach-Gattersäge. Von Zeit zu Zeit ist die Säge zu Demonstrationszwecken in Betrieb.

Neerach ZH

In der Neeracher Geigenmühle wird von Zeit zu Zeit wieder nach alter Väter Sitte Korn zu Backmehl gemahlen. «Das Stückchen Brot, das dich ernährt, ist mehr als Gold und Silber wert», steht an ihrer Riegelfassade mit dem stilisierten Mühlrad im Giebel. Das steingemahlene Mehl aus der Geigenmühle ist keine Kuriosität aus dem Museum, sondern ein biologisches Produkt, hinter dem eine Weltanschauung steckt. Die ganzheitliche Einstellung, der Geist, in dem etwas gemacht wird, hat einen wesentlichen Einfluß auf das, was herauskommt. In diesem Bewußtsein versucht der Verein ‹Geigenmühle› ein altes Gewerbe lebendig zu halten. Ein Gewerbe, das ebenso Kunst wie Technik war.
Das Gebäude ist in Privatbesitz, die traditionelle Einrichtung, ergänzt durch zum Teil recht moderne Maschinen (Fruchtputzerei mit Becherelevator, Separator, Abräder, Trieur und Bürstmaschine, ein Mahlgang mit einem Durchmesser von 1,1 Meter und einem 300 Kilogramm schweren Läufer, Plansichter) gehört dem Verein ‹Geigenmühle›.
Das mächtige rückenschlächtige Wasserrad, über sechs Meter im Durchmesser, ist eine Eisenkonstruktion mit zwei mal zwölf Speichen, verstärkt durch Diagonalstreben. Trotz der imposanten Größe leistet das Rad kaum mehr als ein PS, da der Neeracher Dorfbach nur wenig Wasser führt.

Hettlingen ZH

Der prächtige Riegelbau des Landgasthofs Eichmühle mit seinem nachgebauten, funktionstüchtigen Wasserrad liegt inmitten von schattenspendenden Bäumen. Die Grundmauern stammen aus dem Jahre 1678, die Jahreszahl 1773 über dem Haupteingang steht für den Wiederaufbau nach einem Brand. Ein historisches Dokument von 1386 erwähnt die Mühle als Lehen der Reichenau. Neben der Mühle, in der bis um die Jahrhundertwende gemahlen wurde, steht ein kleiner Riegelbau, die 1821 errichtete ‹Hanfrybi›. Das Getriebe mit einem wunderbaren Kegeldrilling und der Reibgang mit dem konischen Kollerstein sind erhalten.

Winterthur-Hegi ZH

Die Sägerei Zehnder am Reismühlenweg in Winterthur-Hegi ist heute ein moderner, zum großen Teil automatisierter Betrieb. Daneben existiert aber noch die alte, mit Wasserkraft betriebene Säge. Sie ist heute ein Museum und steht unter Heimatschutz. Bei den Renovationsarbeiten kamen Reste einer Hanfreibe zum Vorschein. Ein Mühlstein, der ebenfalls gefunden wurde, deutet darauf hin, daß die ‹Reismühle›, wie der Name vermuten läßt, wirklich einmal eine

>
Säge Wiesental in Bassersdorf ZH.

Mühle war. Das mittelschlächtige Wasserrad, eine Konstruktion aus Stahlblech und Eichenholz, hat einen Durchmesser von vier Metern. Unter Last dreht es sich bis zu zehnmal pro Minute. Über verschiedene Räder und Riemen mit einer zwanzigfachen Übersetzung wird die Einfach-Gattersäge angetrieben.

Dinhard ZH

Zwischen Rickenbach und Dinhard liegt der Weiler Riedmühle. Die Mühle, heute ein Restaurant, umschließt zusammen mit einigen Ökonomiegebäuden und prächtigen alten Linden und Roßkastanien einen Hof. Über der Eingangstür stehen die Jahreszahl 1852 und ein Mühlenradsymbol in Holz geschnitzt, als ‹Gitter› vor einer Glasscheibe.
Im Mühlenraum ist jetzt das Getränkelager eingerichtet. Das Mahlwerk ist noch erhalten. Das renovierte rückenschlächtige Wasserrad mit etwa sechs Metern Durchmesser dreht sich nur noch als Attraktion für die Gäste. Es liegt an der Westseite, durch ein kleines Vordach geschützt, und kann auch vom Gebäude aus durch ein Fenster bewundert werden. Das Rad ist im Stil des neunzehnten Jahrhunderts gebaut, besitzt zweimal acht Speichen und 48 Schaufelkammern.

Islikon TG

Der Greuterhof im thurgauischen Islikon war eine der ersten Industrieanlagen der Schweiz. Der Baustil dieser 1777 gegründeten ‹Fabrik› lehnt sich stark an das Vorbild von Klöstern oder herrschaftlichen Gutshäusern an. Tatsächlich wurde neben der Herstellung von und dem Handel mit bedruckten Stoffen auch Landwirtschaft betrieben.
Der Fabrikgründer Bernhard Greuter (1745–1822) gilt als einer der großen Pioniere der schweizerischen Volkswirtschaft. Seine Stoffdruckerei und -färberei in Islikon und eine zweite Fabrik in Frauenfeld beschäftigten 400 Entwerfer, Modelstecher, Coloristen, Drucker, Buchhalter und Hilfskräfte. 1798 wurde zum Antrieb der Druckmaschinen ein Wasserrad eingebaut.
1802 gründete Greuter eine betriebliche Sozialversicherung, die ‹Druker und Modelgeselschaft Islicon B. G.›, in der sämtliche Mitarbeiter gegen Krankheit versichert waren, und die auch als Alterssparkasse (eine Art Pensionskasse), Reisekasse und Militärversicherung fungierte.
Von 1805 bis 1830 gründete Greuter weitere Fabriken, unter anderem im Elsaß, und beschäftigte zeitweise bis gegen 3000 Arbeitskräfte. Seine Stoffe verkaufte er auf allen fünf Kontinenten. Im Jahre 1854 gründete er sogar eine eigene Handelsflotte mit Segelklippern. Doch das Dampfzeitalter hatte schon begonnen. Die technischen und wirtschaftlichen Umwälzungen ließen das Greutersche Imperium zusammenbrechen. 1880 bedeutete das Ende der Fabrik.
Ein Jahrhundert später, am 11. November 1981, wurde eine Stiftung ins Leben gerufen, um das zerfallende Gebäude zu retten. Die Gemeinnützige Stiftung Bernhard Greuter für Berufsinformation will neben der Wiederherstellung des Greuterhofes «durch Ausstellungen, Veranstaltungen und andere geeignete Maßnahmen die Berufsfindung der Jugend erleichtern und die Anerkennung jeder sinnvollen Arbeit fördern».
Das aus Natur- und Ziegelsteinen errichtete Gebäude bildet ein Geviert und umschließt einen etwa fünfzehn auf zwanzig Meter großen Innenhof. Mächtige Rundbögen bilden Einfahrten auf drei Seiten. Die Fabrik besitzt einen Glockenturm mit Fabrikuhr, prächtige Kreuzgewölbe und Fabriksäle. Das oberschlächtige Wasserrad wurde 1985 neu erstellt. Es hat einen Durchmesser von acht Metern und ist in eine überaus schmale Nische im Innern des Gebäudes an der Nordwestecke eingebaut. Zahlreiche Querverstrebungen sorgen für die Stabilität der zwei mal acht Speichen.

Kartause Ittingen TG

Innerhalb der ringförmigen Klostermauer finden sich alle Gebäude und Einrichtun-

Rückenschlächtiges Wasserrad des Restaurants Riedmühle in Dinhard ZH.

<
Alte Säge in Bütschwil SG.

gen, die früher zu einem selbstversorgenden Betrieb nötig waren. Dazu gehörte selbstverständlich auch eine Mühle. Heute ist sie ein Restaurant; im Innenraum kann als Attraktion für die Gäste ein riesiges eisernes Wasserrad in Bewegung gesetzt werden. Es wurde neu erstellt, als die Kartause vor einigen Jahren zu einem Kultur- und Kongreßzentrum ausgebaut wurde.

Mühle von Amlikon TG.

Amlikon TG

Im Hinterdorf von Amlikon, von der Straße nach Hünikon über eine kleine Brücke erreichbar, fällt der Riegelbau mit seinem Winkelgrundriß und den zwei prächtigen Giebelfassaden auf. Die Mühle wird erstmals 1756 in einem auf Anna Barbara Müller lautenden Lehenbrief erwähnt.
Die geschnitzte zweiflügelige Mühlentür hat ihre eigene Geschichte: Als im Jahre 1902 in Weinfelden zwei neue Kirchen gebaut wurden, brach man die alte Kirche ab. Was noch zu gebrauchen war, wurde öffentlich versteigert. Der Amliker Müller Heinrich Zwicki kaufte die Tür und machte daraus einen neuen Eingang zu seiner Mühle. Ein Spaßvogel reimte daraufhin ein Gedicht, in dem es unter anderem heißt: «Sei ehrlich, sei dem Müller gleich/Dann kommst du in das Himmelreich./Die Bauern, sie lieben seit altem/Die Müller für Schelmen zu halten. /Die Müller versichern, dies sei bloße Mär/Da müßten sie erst zu den Bauern in d'Lehr.»
Zwischen Amlikon und Hünikon befinden sich die Mühlenweiher, die für Wasservorrat sorgen. Trotzdem betrieb Zwicky 1910 seine Mühle mit einem Benzinmotor, und sein Nachfolger Gottlieb Hugentobler richtete 1912 einen Elektroantrieb ein. Die Mühle war noch bis Ende der fünfziger Jahre in Betrieb und 1961 an die Straßenbaufirma Egolf verkauft. Die Mühle steht unter Heimatschutz, ihre Einrichtung ist noch funktionstüchtig. Das oberschlächtige, neu erstellte Vier-Meter-Rad befindet sich an der Ostseite. Es ist aus Holz und besitzt 32 Schaufelkammern; Achse und Naben sind aus Gußeisen.

>
Hat ausgedient: hundertfünfzigjähriger Mühlstein in Gams SG.

Neuhausen am Rheinfall SH

Die elementare Urkraft des Wassers zeigt sich wohl nirgendwo in der Schweiz so deutlich wie am Rheinfall. So ist nicht verwunderlich, daß an dieser Stelle schon seit dem 11. Jahrhundert Wasserräder zu finden sind. Seit dem späten Mittelalter gab es hier Hammerschmieden und Eisenwerke. Vor allem dank der günstig verfügbaren Wasserkraft wurde Neuhausen zu einer Wiege der schweizerischen Industrie. Die Schweizerische Aluminium-Aktiengesellschaft (heute Alusuisse) stellte hier zum erstenmal in Europa Aluminium nach dem elektrochemischen Verfahren her.
Das Wasserrad, seit dem 9. April 1976 wieder am historisch belegten Standort, wurde nach alten Vorbildern originalgetreu rekonstruiert. Allerdings entspricht es nicht dem Rad, das sich vor über hundert Jahren an dieser Stelle befunden hatte. Dieses oberschlächtige Rad war 1864 abgebrochen und durch eine Turbine ersetzt worden.
Die Gußachse mit Nabenkränzen des jetzigen unterschlächtigen Strauberrades stammt von einem zerfallenen Wasserrad der oberen Mühle in Marthalen ZH. Die zweimal zehn Speichen und die Felgen bestehen aus kräftigen Eichenbalken, die 30 je einen Meter breiten Brettschaufeln sind aus Lärchenholz. Das Rad hat einen Durchmesser von 5,5 Metern und wiegt rund 3 Tonnen. Es dreht sich leer im Kreis, zur Freude der zahlreichen Touristen. Die Initianten vom Heimatschutz und vom Verkehrsverein Neuhausen haben jedoch geplant, eine historische Hammerschmiede einzurichten.

Buch SH

Die alte Sägerei von Buch ist heute ein Freilichtmuseum. Gesellschaften und Schulen können sich für geführte Besichtigungen anmelden (Auskunft bei der Post).
Am 10. November 1469 ist in Buch erstmals eine Mühle urkundlich erwähnt. Sie gehörte dem Hans von Randegg. Bauern aus Gottmadingen, Randegg, Gailingen, Mur-

>
Eines der drei Wasserräder der Hammerschmiede im Grütt, Sennwald SG.

Sie dienen zum Antrieb von ...

Blasebalg ...

und Schmiedehammer.

bach und Kaltenbach ließen dort ihr Korn mahlen. 1661 wird als Müller Hans Brütsch von Buch namentlich erwähnt. Er schließt am 1. November 1689 mit dem Junker Laurenz Ziegler, dem die Mühle gehört, einen Lehnsvertrag ab.
Im achtzehnten Jahrhundert geht die Herrschaft der Junker von Randegg zu Ende. Die Familie Brütsch kauft die Mühle am 17. September 1742. Sie scheint aber nicht mehr rentiert zu haben, denn sie wechselt in den Jahren danach mehrmals die Hand. Am 8. Oktober ersucht Hans Jakob Storrer, Müller in Buch, den Kleinen Rat in Schaffhausen um die Bewilligung, eine Säge errichten zu dürfen, da er mit der Müllerei kein Auskommen mehr findet. Das wird ihm gestattet. Im Winter 1786/87 wird die Sägerei erbaut, und in ihrem Untergeschoß wird die Hanfreibe eingerichtet, die vorher der Mühle angegliedert war.
Das erste Sägewerk war bezeichnenderweise eine Klopfsäge. Dieser Sägetyp war einfach und billig, kam er doch ohne Getriebe mit Schwungrad und eiserner Kurbelstange aus: Hebenocken an der Hauptwelle warfen das Gatter in die Höhe. Dabei entstand viel Lärm, und der Schnitt war ungenau. Später wurde diese Einrichtung durch eine Kurbelsäge ersetzt.
Die Hanfreibe wurde bis 1875 betrieben, die Säge bis 1899. In diesem Jahr starb der letzte Sägemeister, Johannes Storrer. Hundert Jahre später war die Säge ein zerfallender Schuppen, vom Einsturz bedroht.
Dr. Herbert Brütsch, Winterthur, möglicherweise ein Nachfahr des ersten Müllers von Buch, erwarb das Gebäude und schenkte es einer lokalen Heimatvereinigung. Säge und Hanfreibe wurden restauriert. Dank einer Umwälzpumpe ist es jetzt sogar wieder möglich, das unterschlächtige Strauberrad in Bewegung zu setzen.

Mogelsberg SG

Beim Restaurant Bären am Böschenbach bei Mogelsberg ist eine alte Sägerei mit restauriertem funktionstüchtigem Wasserrad zu bewundern. Sie kann nach Vereinbarung in Betrieb genommen werden.

Bütschwil SG

Die alte Säge Hätschberg in Bütschwil ist nicht mehr in Betrieb. Das alte Wasserrad kann jedoch noch besichtigt werden. Es ist dauernd frei zugänglich.

Sennwald SG

Noch immer gelegentlich in Betrieb ist die alte Hammerschmiede im Grütt, Sennwald. Sie stammt aus dem neunzehnten Jahrhundert. Ihre Hämmer werden von drei Wasserrädern in Bewegung gesetzt.

Mühlengeschichten Teil 5

Die Geistermühle im Luzernbiet

«Mitten im reichgesegneten und schönen Luzernergäu, in der Nähe eines seiner lieblichen, blauen Seen, die aus immer grünen Rahmen wie spiegelklare Mädchenaugen den stolzen Hochalpen mit ihrem ewigen Schnee und Eis entgegenlachen, steht in einem kleinen, romantischen Seitentälchen unter riesenmäßigen Nußbäumen halb verborgen ein verfallener weitläufiger Bau. In dem Bau klapperte vor etwa siebenzig Jahren Tag und Nacht, Sonn- und Feiertage ausgenommen, eine lustige Mühle mit doppeltem Mahlgange in ruheloser Bewegung. Jetzt steht das mit grauen Flecken überdeckte Wasserrad halb in Trümmern still, und der überall rinnenden, uralten hölzernen Wasserleitung stürzt sich der klare, rauschende Mühlbach über dunkles Gestein dem spiegelklaren See entgegen. Grünes Moos überzieht mit seinem Sammetteppich das durchlöcherte Schindeldach. Die hellen Fensterscheiben, die damals, als die muntere Mühle noch klapperte, im frischen Strahl der Morgensonne wie blitzende Demanten ins Feld hinaus glitzerten, haben Sturm und Wetter längst zertrümmert, und die öden Fensteröffnungen, in denen nur noch hie und da verwitterte Rahmentrümmer stehen geblieben, grinzen wie die leeren Augenhöhlen eines Todtenschädels schauerlich den einsamen Wanderer an, der sich etwa zur Seltenheit einmal hieher verirrt. Unheimliche Stille umgibt den Bau. Kein munterer Vogel nistet in seiner Nähe. Kein freundliches Menschengesicht blickt aus seinen öden Fensterhöhlen, kein frommer Christengruß ‹Gelobt sei Jesus Christ› tönt aus der weit offenen Hausthür dem Fremdling entgegen. Fragt er bei der nächsten menschlichen Wohnung nach dem Namen des verfallenen Baus, so wird ihm die geheimnisvolle Antwort: ‹Das ist die Geistermühle› gegeben.»

So beginnt eine der schaurig-romantischen Kalendergeschichten, die im letzten Jahrhundert bei der ländlichen Bevölkerung sehr beliebt waren. Geistermühlen gibt's in abgelegenen Gegenden unseres Landes heute noch, und auch sie haben alle ihre Geschichte. Meistens lautet sie so:

Es war einmal ein alter Müller, der übte sein Handwerk aus, so, wie er es in seiner Jugendzeit gelernt hatte. Zwar führten Äbi- oder Rapidtransporter längst billiges Mehl aus dem Unterland bis ins kleine Bergdorf hinauf, wo der Müller arbeitete. Aber da der alte Müller mit einem kleinen Mahllohn zufrieden war, ließen die Bäuerinnen ihr Korn für den Eigenbedarf noch immer bei dem alten Müller mahlen, wie sie es schon seit Jahrzehnten taten. Der alte Müller wurde älter und gebrechlicher, an dem alten Kammrad fielen immer häufiger die Holzzähne aus, und die Schaufeln des Wasserrades wurden morsch. Der alte Müller starb, das morsche Wasserrad war nicht mehr zu reparieren, die Mühle zerfiel, Frühjahrs- oder Herbststürme drückten die Fensterscheiben ein ...

Mühlen sterben in unserem Jahrhundert einen prosaischen Tod. Um so reizvoller sind die Geschichten, die sich früher um zerfallende Mühlen rankten. Dabei mögen die Ursachen für ihren Untergang von den heutigen gar nicht so verschieden gewesen sein: sie haben nicht mehr rentiert. Aber da es daneben durchaus florierende Mühlen gab, die ihre Besitzer zu schwerreichen Kapitalisten machten, mußte doch eine Art Fluch auf ihnen gelastet haben. Was es mit der eingangs beschriebenen Geistermühle im Luzerngebiet auf sich hat, erzählt nun in geraffter Form die folgende Geschichte aus dem Zuger Kalender von 1870, 15. Jahrgang.

<
Malerische alte Mühlen haben schon immer die Fantasie zu Geschichten, Märchen und Sagen angeregt ... Mulino Fontanedo in Gerra Piano TI.

>
Diese ‹Geistermühle› steht in Lusséry VD.

Ihr Autor beruft sich auf einen alten Großvater, «einen zitternden Greis mit silberweißen Haaren», der ihm zu berichten wußte, daß es in der Geistermühle spuke: «Ja, ja, so hat man zu meiner Zeit steif und fest behauptet und vom alten Mauser Kaspar, der ein Frohnfastenkind war und mehr konnte, als blos Brod essen, habe ich es aus seinem eignen Munde gehört, wie er einmal in der heiligen Adventszeit Abends nach Betglockenläuten den alten Müllerbaschi habe wandeln sehen, den Mühlenbach hinauf mit weißer gradaufstehender Zipfelkappe, dabei tuchenbleich im Gesicht, und im weißen Müllergewande.»
Nachdem er, der Autor, von seinem feinen Pfeifentabak dem Alten spendiert habe, der von den ‹neumodigen Zündhölzlein› nichts wissen wollte, bedächtig Feuer schlug, seine Pfeife mit dem glimmenden Schwamm entzündete, ein paar tiefe Züge tat, behaglich mit dem Kopf nickte und sich zurücklehnte, sei der Alte endlich mit der ganzen Geschichte vom Müllerbaschi herausgerückt.
«Ende der Achtzigerjahre hauste in der Mühle da drüben der reiche Sebastian Müller, gemeinhin der ‹Müllerbaschi› genannt, den ich noch gar wohl gekannt habe. Derselbe hatte die Mühle mit ihrer großen Kundsame und den vielen Gütern von seinem Vater ledig und eigen ererbt und von seiner Frau noch darüberhin eine hübsche handvoll Kapitalbriefe erheirathet. Er galt daher als der reichste Mann im Lande weit und breit. Wer hat, dem wird gegeben. Das bewährte sich auch beim Baschi. Auf zwei Stunden im Umkreis wollten die reichen Bauern ihr Korn nur beim Baschi mahlen lassen und zwei Mühlwagen, mit den stattlichsten Rossen bespannt, auf deren breiten Rücken ein Tropfen Wasser nicht abgeflossen wäre, mußten Tag und Nacht in die Kehr fahren, die zahlreichen ‹Mühlstumpen› zu holen und das Mehl wieder zu bringen. Daß Baschi bei dem Geschäfte weder arm noch mager geworden, versteht sich von selbst. Aber etwas anderes ist er geworden, und das war schlimm, nämlich: hochmüthig und gewaltthätig.»
Der Nachbar des Müllerbaschi war ein armer, redlicher Bauer, der Rütihans. Rütihans besaß ein Wasserrecht auf dem Abfluß des Mühlenweihers. Baschi leitete eines Tages das Wasser auf seine eigene Wiese. Rütihans beschwerte sich und forderte sein Recht zurück. Doch Müllerbaschi spottete nur, und als Rütihans vor Gericht ging, bestach er die Advokaten. Der Prozeß zog sich endlos in die Länge, «dauerte nun schon Jahr und Tag und hatte viele tausend Gulden verschlugen», da geschah etwas, was die Leidenschaft des Streites aufs höchste steigerte.
«Der Müller hatte ein einzig Töchterlein. Ein schöneres Mädchen sah man nicht auf viele Stunden im Umkreis, als das Müllerröschen war. Ein Gesichtchen hatte es wie Milch und Blut und blaue Äuglein so hell und klar, wie der Morgenstern. Es ist mir, als sehe ich es noch jetzt vor Augen, und war ich doch damals noch ein ganz kleiner Bub. Was Wunder, wenn Röschen neben seinen Gülten (Kapitalbriefen) und Rossen des Müllers größter Stolz war? Es schmeichelte seiner Eitelkeit, als eine Menge Freier von nah und fern angefahren kamen, um sich in der Mühle ein zierliches Körbchen zu holen.»
Baschi hatte den künftigen Ehemann für Röschen schon bestimmt. Es sollte den einzigen Sohn des Untermüllers im Nachbarstädtchen heiraten. So hatten es die beiden reichen Alten vereinbart. Aber der Baschi hatte seine Rechnung ohne Röschens Herz gemacht. Dieses hatte schon gewählt, und zwar ausgerechnet den Friedli, Sohn seines Widersachers, des armen Rütihans. Von klein an waren die beiden Kinder am Mühlbach, in Feld und Wald Spielgefährten gewesen.
«So hatten hundert und hundert süße Jugenderinnerungen die Herzen der Kinder verbunden, und die harmlose Kinderfreundschaft hatte sich mit den Entwicklungsjahren unvermerkt zur starken Macht der ersten Liebe umgewandelt. Den Friedli zum Manne, oder sonst Keinen, so stand es fest in Röschens entschiedenem Gemüthe. Das hatte die Tochter ihrem Vater erklärt. Der aber spie Feuer und Flamme. Eher solle

die Mühle zu einem Schrotthaufen werden und Geld und Gut nach allen Winden verfliegen, als daß er sein einzig Kind dem Bettelbuben gebe, so hatte Baschi geschworen.»
Nachdem alles Schmeicheln und Drohen bei Röslein nichts fruchtete, bestach Baschi seine beiden Mühlknechte mit viel Geld, sie sollten den Friedli umbringen. Friedli wehrte sich tapfer und erstach in Notwehr einen der beiden Knechte. Schuldlos zum Mörder geworden, hielt es der Friedli nicht mehr in seiner Heimat aus, floh und starb als Söldner der Franzosen in der Tuilerienschlacht am 10. August 1792.
Röschen ging aus Kummer darüber ins Kloster, dem damit die reiche Aussteuer zustand. Der Baschi wollte damit nicht herausrücken, mußte aber endlich auf Befehl des Landvogts nachgeben. Baschi besoff sich und schimpfte in den Wirtshäusern lautstark über den Landvogt. Das trug ihm eine gesalzene Buße und den Pranger ein.
Er rächte sich in seiner Wut an dem armen Rütihans, der in dem langen Prozeß bis über beide Ohren in die Schulden geraten war. Für ein Spottgeld kaufte Baschi die Schuldscheine, ersteigerte auf der Gant den Rütihof und warf den Rütihans und seine Familie hinaus.
«Als Rütihans mit Weib und Kind das alte Erbe seiner Väter verlassen mußte und Müllerbaschi hohnlachend aus dem Fenster seinem Wegzuge zusah, da hob der arme Mann im Vorgefühl des erlittenen Unrechtes seine Rechte zum Himmel empor und sprach mit feierlicher Stimme: ‹Verflucht, Müllerbaschi, ist deine That, sie wird dir darum auch nur Unheil bringen.› Und so war es auch. Mit des Müllers unermeßlichem Reichthum ging es mit Riesenschritten bachab. In der Mühle, in Haus und Stall war kein Segen mehr.
Nachdem Baschi Geld und Gut verschleudert, kam er nur zu bald auch um Hof und Heim. Die Mühle hatte längst der projektierte Tochtermann an sich gebracht. Baschi wohnte nun drüben in Rütihansens Häuschen. Aber das böse Gewissen, das nun mit aller Macht erwachte, ließ ihm darinnen keine Ruhe. Umsonst versuchte er, dessen Mahnerstimme im Branntwein zu ersäufen. Vom Schnapsgeist übervoll, wankte er in einer finsteren Nacht fluchend und lärmend seiner ärmlichen Hütte zu. Dort unten führte der Weg über den schmalen Steg des Mühlenbaches. In seinem Rausch verfehlte er das sonst wohlbekannte Brett und stürzte in seinem unbehülflichen Zustande kopfüber in den hoch angeschwollenen Bach. Den anderen Morgen zog man ihn als gräßlich entstellte Leiche aus dem Wasser. Bald hieß es, der Müllerbaschi habe selbst im Grab keine Ruhe, er geiste in der Mühle unten. Etwas muß an der Sache gewesen sein, denn bald darauf verkaufte der neue Müller den einst so einträglichen Erwerb um einen Spottpreis wieder. Aber trotz des wohlfeilen Kaufes konnte sein Nachfolger nicht auf der Mühle bestehen. Es war, als wenn ein unsichtbarer Fluch auf selbiger laste. Sie war weit und breit in Verruf gekommen. Niemand wollte in derselben mehr sein Korn mahlen lassen, niemand Mehl aus derselben kaufen.
Der Müller mußte trotz seines Fleißes und seiner Häuslichkeit dabei zugrunde gehen. Der ganze, große, weitläufige Besitz kam auf die Gant. Die Güter wurden verstückelt, die ‹Geistermühle› wollte niemand. Sie blieb unbewohnt und zerfiel. Wen der Weg nothgedrungen Nachts nach Betglockenläuten an ihr vorüberführt, der schlägt andächtig drei Kreuze und spricht mit Inbrunst halblaut vor sich hin: ‹Alle guten Geister loben den Herrn.›
In unseren aufgeklärten Zeiten, in denen der Unglaube so sehr floriert, will zwar seit langem niemand mehr den Müllerbaschi mit der weißen Zipfelkappe in der Mühle oder dem Bach entlang gesehen haben. Ich aber glaube dem Mauserkaspar, der ihn gesehen hat, und aus dessen Mund ich es selbst gehört habe.»
So schloß der Alte seine Erzählung. Was aus dem Rütihans geworden ist, konnte der Autor nicht mit Bestimmtheit erfahren. Es hieß, er sei über den großen Teich nach Amerika ausgewandert und habe dort sein Glück als Großbauer gemacht. Das Müllerröschen aber soll als Klosterfrau aus Gram

<
Keine Geistermühle, sondern ein funktionierendes Wasserrad im Luzernbiet. Es treibt moderne Müllereimaschinen der Stadtmühle Willisau an.

über den schrecklichen Tod ihres Vaters an Auszehrung gestorben sein.

Mühlenkobolde

Mühlen sind für Spuk wie geschaffen: hölzerne Wendelbäume und Zahnräder, die knacken, knarren und quietschen, kräftige Balkenstühle, deren Holz arbeitet, wenn die Luftfeuchtigkeit sich ändert, Berge von Säcken, hinter denen Kobolde sich verstecken können. Im Staub, der auf Boden und Balken liegt, kann man bisweilen ihre kleinen Fußabdrücke sehen.
Kein Wunder, daß in den Sagen aller Länder Europas Geistermühlen und Mühlengeister auftauchen und ihr Wesen oder Unwesen treiben. Dabei lassen sich grundsätzlich zwei Sagentypen unterscheiden. Die lokalen Sagen, zu ihnen gehört die eben erzählte Geschichte von der Geistermühle im Luzerngebiet, ranken sich um bestimmte Mühlen, die aus irgendeinem Grunde die Neugier der Menschen angeregt haben. Die überregionalen Sagen sind in unzähligen Sprachen und Variationen in allen Regionen Europas anzutreffen. Es ist jeweils ein- und dieselbe Geschichte, die sich aus einem bestimmten Grund auf Wanderschaft begeben hat.
Eine solche Wandersage, sie stammt ursprünglich aus Skandinavien, ist die Geschichte vom Kobold in der Mühle. Ein Kobold hatte sich einst in einer Mühle häuslich gemacht, zum Leidwesen des Müllers. Er bohrte Löcher in die Getreidesäcke, so daß das Korn herausrieselte, und spielte dem Müller viele andere Streiche, einer übler als der andere. Einmal kam ein fahrender Gaukler mit einem Tanzbären vorbei. Der Müller bat den Gaukler, er solle den Bären in die Mühle sperren. Das geschah, und der Bär richtete den Kobold so bös zu, daß dieser die Flucht ergriff. Jedes Jahr schaute der Kobold in der Mühle vorbei und fragte den Müller: «Ist die große braune Katze noch immer da?» Der Müller antwortete jedesmal «Ja», worauf der Kobold wieder für ein Jahr verschwand. Eines Tages, als der Kobold wieder einmal kam, sagte der Müller: «Die Katze hat Kätzchen bekommen.» Von dieser Stunde an ließ sich der Kobold nie mehr blicken.
Diese Sage verbreitete sich vom Norden aus in fast alle Länder Europas, wobei die unterschiedlichsten Versionen entstanden. In Island war es zum Beispiel ein Eisbär, der als Geschenk für einen König bestimmt war. Der Kobold fragte dann nach der ‹großen weißen Katze› usw.
Mühlenkobolde, die Löcher in Getreide- und Mehlsäcke bohren und sich vor Katzen fürchten, scheint es offenbar überall zu geben. Besondere Sorgen mit diesen vierfüßigen Kobolden hatte offenbar einst der Müller Giacomo Simona aus Verscio TI, wie Ely Riva in seinem Bildband ‹Vecchi mulini del Ticino› berichtet. Die Mühle von Verscio wurde einmal von einer solchen Mäuseplage heimgesucht, daß sich der Müller nicht mehr zu helfen wußte. Gift schied aus, denn die verwesenden Kadaver hätten das Getreide oder gar das bereits gemahlene Mehl vergiften können. So versuchte der ‹mugnaio› Simona es mit den verschiedensten Fallen. Nichts half. Jeden Tag bemerkte er neue kleine Verstecke, in denen die Mäuse ihre kleinen Kornvorräte anhäuften, und der Boden, sämtliche Kästen, das Mühlgetriebe, der Mühlstuhl, Mehltruhen und sonstige Einrichtungen waren mit kleinen schwarzen Körnchen übersät, die die ungebetenen Dauermieter zurückgelassen hatten.
Eines Tages gab ihm ein Freund ein spezielles Pulver und riet ihm, es auf den Boden zu streuen. Es würde die Mäuse an den Füßen so sehr jucken, daß sie schleunigst das Weite suchen würden. Das Mittel habe anderswo schon geholfen.
Voll Hoffnung streute Simona das Pulver auf die Mäusewechsel, vor jedes Loch und auf jeden waagerechten Balken. Tatsächlich war das Pulver ein voller Erfolg – für ein paar Tage ließ sich keine Maus mehr in der Mühle blicken. Doch schon bald zeigten sich wieder die ersten kleinen Fußabdrücke im Mehl, die schwarzen Körnchen begannen sich wieder zu häufen, die Mehlsäcke bekamen wieder Löcher, und alles war wieder beim alten. Giacomo Simona mußte

>
Hier sagen sich Füchse und Hasen gute Nacht: alte Mühle in einem Wäldchen bei Someo TI.

sich endgültig mit der Mäuseplage abfinden, denn das Pulver war seine letzte Hoffnung gewesen. Sein Kommentar: «Bei Gott im Himmel, die haben sogar gelernt, sich die Füße zu waschen.»
Neben den bösen Kobolden, die dem Müller Streiche spielen, gab es früher auch gute Geister: Erdleutchen, Heinzelmännchen und anderes Zwergenvolk. Sie hausten zwar nicht direkt in der Mühle, aber wenn sie dem Müller wohlgesinnt waren, besuchten sie ihn, verrichteten allerlei Arbeit und brachten ihm Segen und Wohlstand ins Haus. Im aargauischen Fricktal erzählte man sich folgende Sage von den Erdleutchen und vom reichen Müller.
Ein Müller hatte sich soeben ein neues, größeres Mahlwerk gebaut. Er wußte, daß die Erdleutchen, die oben in den Weinbergen in einer Höhle hausten, den Bauern bei der Feld- und Hausarbeit halfen. Natürlich wollte er, daß sie sich auch in seiner neuen Mühle nützlich machten und überlegte, wie er sie herlocken könnte. Er ließ alle Räder klappern, daß es weitherum tönte. Im Herd ließ er Feuer anmachen und viele frische Kuchen backen, deren Duft süß durch die Dorfgassen zog. Die Erdmännlein und -weiblein in ihren Zipfelmützen und in ihren langen Röcken, die bis zum Boden reichten, kamen durch das große Tor hinein und setzten sich zu Tisch, wo ihre Lieblingsspeisen aufgetragen wurden.
Aber der Müller hatte Mehl und Kleie auf den Boden streuen lassen, weil er neugierig war, wie die Füße der Erdleute aussähen. Als er die Abdrücke von kleinen Platt- und Gänsefüßchen im Mehl entdeckte, brach er in lautes Gelächter aus. Die Erdleutchen verließen fluchtartig die Mühle und ließen sich hier nie mehr blicken. Der Müller hatte mit seiner neuen Mühle kein Glück. Bald wurde sie vergantet.
Auch die folgende Sage stammt aus dem Aargau: Eine Viertelstunde von Kaiserstuhl entfernt stehen am linken Rheinufer zwei große Felsen. Der größere von ihnen heißt Lampohrenfluh. Dort hauste in einer tiefen Höhle, die heute noch zu sehen ist, ein Volk von Zwergen. Die holten aus der Talmühle in kleinen Säckchen Mehl und brachten dafür Glück und Segen in die Mühle hinab. Aus dem Mehl backten sie Kuchen für die armen Leute. Für die Kranken bereiteten sie Arznei aus allerlei Heilkräutern. Die Zwerge waren deshalb in der ganzen Gegend wohlgelitten. Daß sie lange, hängende Ohren hatten, die sogar unter ihrer Mütze hervorschauten, störte niemanden.
Der Müller wurde reich und reicher, und mit seinem Reichtum wuchs auch sein Geiz. Er wollte den Zwergen nicht mehr von seinem Mehl abgeben und mischte Gips darunter, weil er glaubte, daß die Zwerge daran sterben würden. Die Zwerge lachten nur und schütteten das Giftmehl in den Mühlenbach.
Bald darauf suchte ein über das andere Unglück die Mühle heim. Der Müller verlor all sein Hab und Gut. Mit seinem letzten Sack Mehl stieg er zur Zwergenhöhle hinauf, um sein Unrecht wieder gutzumachen. Aber er kam zu spät. Die Zwerge waren bereits an einen anderen Ort weitergezogen. Der Müller stürzte in einer Felsspalte zu Tode.
Im Goms, dem Oberwalliser Hochtal, hausen ganz besonders derbe Geister, die ‹Gogwärgini›. Sie haben es nicht unbedingt auf Mühlen abgesehen. Jedenfalls habe ich keine einzige Walliser Sage gefunden, die von einer Spukmühle berichtet. Walliser Stockmühlen sind kleine, unscheinbare Gebäude. Sie stehen oft irgendwo in einem Krachen und scheinen auf Geister nicht sehr anziehend zu wirken. Lieber warten diese ab, bis der Müller aus dem Haus muß, um in seiner Mühle nach dem Rechten zu sehen. Mit besonderer Vorliebe belästigen sie dann die Frau, die allein zu Hause sitzt.
So erging es zum Beispiel einem Bauern aus Ulrichen, genannt der Stäcku-Peter. Am Abend mußte er jeweils ins Tal hinunter, wo er eine Mühle besaß, um Korn nachzuschütten und auch sonst nach dem Rechten zu sehen. Dann bekam seine Frau, die am Spinnrad saß, jeweils Besuch von einem Gogwärgi.
Das belästigte sie und verlangte, von der Frau am Hintern gekratzt zu werden. Dabei ließ es einen so abscheulichen Gestank

fahren, daß die Frau darob abmagerte und fast krank wurde. Schließlich erzählte die Frau ihrem Mann davon, und der wußte Rat.
Er zog die Kleider seiner Frau an und setzte sich an ihrer Stelle ans Spinnrad. Er hantierte aber so ungeschickt, daß es dem Gogwärgi auffiel und es ihn nach seinem Namen fragte. Der Mann antwortete, er heiße ‹Sälbtan›. Schließlich sollte der Mann das Gogwärgi am Hintern kratzen. Da nahm der Stäcku-Peter eine Hechel und schlug damit so kräftig auf den Hintern des Gogwärgi, daß sie stecken blieb.
Das Gogwärgi schrie vor Schmerz und rief die anderen Gogwärgini zu Hilfe. Als die kamen und wissen wollten, wer ihm das angetan habe, antwortete es: «Sälbtan, Sälbtan!» Da brachen die anderen in Gelächter aus und spotteten: «Sälb tan, sälb häb, bis daß der d'Hächja am Fiddlu chläbt!»
Geistermühlen, Hexen- und Teufelsmühlen gab es früher allenthalben. So liegt im Schwarzwald, südlich von Furtwangen, an der tiefsten Stelle einer Schlucht, die ‹Hexenlochmühle›. Eine ‹Himmelsgautsche› gibt es allerdings auch, sie liegt bei Welzheim im Schwäbischen Wald. Am wildromantischen Lauf des Doubs im Jura stand früher die legendäre ‹Moulin de la Mort›. Von dieser Todesmühle sind heute nur noch einige Grundmauern erhalten.
Eine Teufelsmühle stand einst am Tobelbach beim thurgauischen Schönenbaumgarten. Die Mühle hieß eigentlich Selsmühle. Bis 1870 war sie in Betrieb und stand dann volle dreißig Jahre leer. Niemand wollte dort einziehen, denn es ging das Gerücht, der Teufel persönlich wohne in der Mühle. Um die Jahrhundertwende zog ein Mechaniker namens Hermann Forster ein. Als er bald darauf eine Müllerstochter aus der benachbarten Martinsmühle heiratete, soll er, nicht gerade galant, gesagt haben: «Jetzt ist der Teufel im Haus.»
Mühlen lagen oft außerhalb des Siedlungsverbandes, um in abgelegenen Tobeln und Schluchten die Kraft des Wassers zu nutzen. Diese Lage förderte natürlich die Entstehung von unheimlichen Gerüchten, Erzählungen und Sagen. Und wenn es brannte, war niemand da, um beim Löschen zu helfen. «Hinterm Berg, hinterm Berg brennt es in der Mühle» – der unheimliche Kehrreim in der bekannten Ballade ‹Der Feuerreiter› von Eduard Mörike dürfte auf vielen tatsächlichen Begebenheiten dieser Art beruhen. Besonders in Kriegszeiten waren die Mühlen mit ihren Getreidevorräten für brandschatzende Söldnerhorden beliebte Plünderungsobjekte. Bei Mörike nimmt die Geschichte allerdings eine Wendung ins Geisterhafte:

«Nach der Zeit ein Müller fand
Ein Gerippe samt der Mützen
Aufrecht an der Kellerwand
Auf der beinern Mähre sitzen:
Feuerreiter, wie so kühle
Reitest du in deinem Grab!
Husch! da fällt's in Asche ab.
Ruhe wohl,
Ruhe wohl,
Drunten in der Mühle!»

Liebe und Tod

Die Mühle von Hasle im Emmental wurde einmal von zwei Brüdern betrieben. Der eine von ihnen war ein grober, bösartiger Kerl mit roten Haaren. Der andere war ein anständiger, netter Bursche mit braunem Haar. Ein hübsches und tüchtiges Mädchen mit langen blonden Zöpfen besorgte den beiden den Haushalt. Beide Brüder fanden Gefallen an ihrer jungen, flotten Haushälterin.
Der rothaarige Müller stellte ihr nach, wo er nur konnte. Die junge Frau wollte aber nichts von ihm wissen und ließ ihn eins ums andere Mal abblitzen. Dem anderen, freundlichen Müller war sie aber wohlgesinnt. Einmal lud dieser die junge Frau ein, zusammen mit ihm den Kalten Markt in Burgdorf zu besuchen.
Der böse Bruder wurde eifersüchtig und sann auf Rache. Er lauerte dem jungen Pärchen auf. Die beiden Verliebten nahmen trotz später Stunde den Weg über das ‹Rybeli›, um sich dort ungestört an ihrem Glück freuen zu können. Das steinerne

Nächste Doppelseite: Tosende Wassermassen in der Venoge-Schlucht lieferten einst die Kraft für die Sägerei von Ferreyres VD.

>
Ein eher düsteres Mahnmal zeugt vom Untergang einer Mühle: Wasserrad in Sta. Maria GR.

Reibbett, auf dem der weiche Flachs lag, gab ein wunderbares Liebesnest ab. Draußen rauschte der alte vertraute Mühlbach, während sich die beiden liebten.
Vor Wonne vergaßen sie die Welt um sich herum und bemerkten nicht, wie der böse Rothaarige herbeischlich und die Pritsche (den Schieber) zog. Das Wasser schoß durch den Kännel, stürzte auf das Wasserrad und setzte dieses in Betrieb. Der schwere Reibstein begann sich in seinem Bett zu rollen und traf mit grausamer Wucht das Liebespaar.
Am anderen Morgen fand man die beiden jungen Leute gräßlich zerdrückt. Welches von beiden die junge Frau war, sah man nur noch an den langen, blonden Zöpfen, die unter dem Reibstein hervorlugten.
Der Schuldige wurde nie gefunden. Alle Leute trauten dem Rothaarigen diese Untat zu, doch dieser wies alle Verdächtigungen energisch von sich. Er starb nicht lange darauf eines plötzlichen Todes. Nun wurde das Gemunkel über das Unglück im Rybeli noch lebhafter. Der böse Bruder fand im Grab keine Ruhe und ging in Gestalt eines schwarzen Hundes während der Nacht in der Gegend des Rybelis um.
Es war nicht mehr geheuer, nachts die Straße zwischen Haslemühle und Tschamerie zu begehen. Oft tauchte der schwarze Rybelihund hinter den nächtlichen Wanderern auf und jagte ihnen Angst und Schrecken ein. Kurz vor der Brücke soll er jeweils über den Mühlebach in Richtung Rybeli verschwunden sein, erzählte man sich. Eigentümlicherweise erschien der Rybelihund nur gewissen Leuten.
Mit dem Rückgang des Hanf- und Flachsanbaus verlotterte das Rybeli nach und nach. Im Jahre 1904 wurde es zum letzten Mal gebraucht. Um das Jahr 1925 herum brach man es ab. Der Reibstein ist noch heute beim Wohngebäude der Haslemühle zu sehen.
Ebenfalls aus dem Emmental stammt die folgende Sage vom Bibern-Mummeli.
Hier geht es um einen Kindsmord, und nicht von ungefähr ist dabei eine Mühle das Werkzeug der Gerechtigkeit. Hier zeigt sich die grausame Kehrseite des auf Fruchtbarkeit ausgerichteten Mühlenzaubers (siehe Seite 11).
Ein armer Wildheuer in Hasle war zu Tode gestürzt. Als die Nachbarn ihn nach Hause trugen, lag die Frau schon in den Wehen und gebar in der folgenden Nacht ein Kind. Die Frau wußte sich vor Verzweiflung nicht mehr zu helfen, trug das Neugeborene zu der Leiche ihres Mannes und schrie: «Da, nimm den Balg!»
Da sprach der Teufel aus dem Mund des Toten und riet ihr, das Kind ins Wasser zu werfen. Die Frau tat es und warf das Neugeborene in die Bibern. Kaum hatte sie es getan, als sie ihre Tat auch schon bereute. Verzweifelt bemühte sie sich, das Kind wieder aus den Fluten zu ziehen. Aber das Kleine wurde fortgeschwemmt, bis hinunter in die Emme. Dort stand eine Mühle. Das Rad erfaßte das Kind, und die Mutter verlor es aus den Augen.
Die Mutter ging zurück zu der Stelle, wo sie das Kind ins Wasser geworfen hatte, und stürzte sich selber in die Fluten. Der Bach riß sie mit und schwemmte auch sie zur Mühle, wo sie von dem Rad zermalmt wurde. Seither geht ihre arme Seele als Bibern-Mummeli um. Nacht für Nacht sitzt es auf dem Stein an der Stelle, wo es die Untat begangen hat. Bei gewissen Wetterlagen schwebt es heulend und wehklagend bachabwärts bis zur Mühle.
Die Sage vom Sennentuntschi ist bekannt, vor allem seit sie vor einigen Jahren in einer deutschschweizer Fernsehfassung Aufsehen erregte. Lange vor den aufblasbaren Gummipuppen aus dem Beate-Uhse-Versand machten sich einsame Sennen auf der Alp ihre ‹Tuntschis›. Wozu diese Ersatzobjekte dienten, wurde in dem erwähnten Fernsehspiel offen beim Namen genannt: Es geht ums ‹Vegglä›, wie die Innerschweizer in ihrem urchigen Dialekt sagen. Und das hat ein paar Ewiggestrige auf die Palme gebracht.
Aus dem Bündnerland stammt eine ganz ähnliche Geschichte, sozusagen von einem ‹Müllertuntschi›. Sie erschien 1938 unter dem Titel ‹Il muliner e sia poppa› in den *Annalas de la Societa Retorumantscha*, Chur.

In einem wilden Tobel zwischen Tersnaus und Camuns stand vor Jahren eine kleine, zerfallene Mühle. Dort lebte einst ein bärenstarker Müller. Er hatte keine Frau und es hieß, er sei ziemlich geizig. Aber sonst wußte niemand etwas Nachteiliges über ihn zu sagen. Abends, wenn er das Korn aufgeschüttet hatte und sich ein Weilchen schlafen legen wollte, plagte ihn oft die Sehnsucht nach einer Frau.
Da kam ihm die Idee, sich eine Puppe zu machen. Er nahm einen alten Mehlsack, stopfte ihn mit Lumpen aus, um ihm weibliche Formen zu geben, knüpfte oben ein Halstuch drum und in der Mitte einen Lederriemen als Gurt. Er führte lange Gespräche mit ihr und spielte mit ihr wie ein verliebter Tölpel. Eines Abends kochte er ihr sogar feinen Schmalzbrei, nahm sie auf seine Knie und fütterte sie mit dem Löffel.
Die Puppe begann tatsächlich zu essen und verschlang den ganzen Brei. Am anderen Tag verlangte die Puppe mehr Brei, und sie wurde von Tag zu Tag unersättlicher. Sie schrie und tobte, und der arme Müller mußte das ganze Mehl, das er von den Bauern als Mahllohn zurückbehielt, der Puppe verfüttern. In seiner Verzweiflung nahm er nicht mehr Feinmehl als Lohn, sondern Schrot, weil er hoffte, das würde die Puppe sättigen. Aber die Puppe verschlang die Grütze ebensoschnell wie den feinsten Brei.
Eines Tages, es war Winter geworden, fror das Mühlrad ein, und die Mühle stand still. Die Puppe schrie nach Essen, und der Müller ging hinaus in die klirrende Kälte und versuchte, das Mühlrad freizubekommen. Er schwitzte und keuchte, aber das Rad tat keinen Wank. Als der Müller seinen Blick hob, sah er die Puppe auf dem Mühlrad sitzen und ihre Augen rollen. Da entfuhr ihm ein Fluch, und er sagte: «Hol dich der Teufel, du Hexe!» Da begann sich das Mühlrad mit einem plötzlichen Ruck zu drehen, nahm den Müller mit und zerquetschte ihn.
Als es dunkel wurde, war der Müller zusammen mit der Puppe in einem riesigen Eisblock unter dem Mühlrad festgefroren. Erst im Frühjahr fand man die grauenhaft verstümmelte Leiche und die Überreste der Puppe.
Wer in einem abgelegenen Mühletobel hauste, war mit großer Wahrscheinlichkeit ein Sonderling. Wenn er dann noch eines plötzlichen Todes starb, erzählten sich die Leute im Dorf so ihre Geschichten. Daß Müller eines Morgens tot in ihrem Bach liegen, wie zum Beispiel am 24. Mai 1751 Sebastian Stadelmann in der äußeren Aach in Feilen bei Arbon, war gewiß nichts Alltägliches. Aber es war sozusagen ein standesgemäßer Tod: Der Müller hat vom Wasser gelebt, und er kehrt ins Wasser zurück.
Das ist der Stoff, aus dem die Sagen sind. Die Landbevölkerung im Mittelalter begriff solche Todesfälle als göttliche Strafen für begangenes Unrecht. Vor allem der Zwiespalt zwischen urchiger Sinnenlust und starren kirchlichen Moralvorstellungen taucht in der bäuerlichen Sagenwelt immer wieder auf: Wer über die Stränge schlug, mit dem mußte es böse enden. Wie etwa beim Sagi-Giger, von dem eine Sage aus dem Toggenburg erzählt.
In Mosnang, Alttoggenburg, gab es einst im Aufeld eine alte Sägemühle. Dort wohnte ein Mann, der an der Fasnacht und zu Kirchweih den jungen Leuten im Dorf zum Tanz aufspielte. Man nannte ihn den Sagi-Giger, weil er bei solchen Anlässen stets mit seiner Geige zu sehen war. Er war ein liederlicher Bursche, der sich oft betrank und dann die jungen Leute zu allerhand Schabernack anstiftete. Er stieg auch immer den jungen Mädchen nach.
Allein, sein wüstes Treiben fand ein jähes Ende. Als er einmal seine Tanzgeige bis in den frühen Morgen hinein hatte ertönen lassen, machte er sich stockbetrunken auf den Heimweg. Er muß aber den Weg verfehlt haben, denn am anderen Morgen, es war Winter, fand man ihn als steifgefrorene Leiche im Sägebach. Seine Geige lag zertrümmert unter ihm.
Man begrub ihn ohne Totenfeier in einer abgelegenen Ecke des Friedhofs, dort, wo sonst nur Selbstmörder begraben wurden. Aber er fand in seinem Grab keine Ruhe. In

der heiligen Zeit vor Weihnachten hörte man oft die klagenden Töne seiner Geige. Der Sagi-Giger war aufgestanden und wandelte um Mitternacht geigend nach dem Aufeld bis an den Fuß des Rachlis und wieder zurück unter die alte Dorflinde von Mosnang. Dort verstummte die Fiedel, und der Geiger stieg wieder hinab in das Reich der Schatten.
Auf dem Tanzboden mochten Müllerssöhne gefürchtete Nebenbuhler der Bauernburschen gewesen sein, weil sie meistens Geld hatten und den Mädchen imponieren konnten. Daß das aber nicht immer ein gutes Ende nahm, erzählt uns die Sage vom Heidenweib auf dem Lägernberg.
Der Müllerssohn auf der Mühle zu Lengnau war so stark, daß er keinen anderen Burschen fürchten mußte. Es war Frühling, und im Lengnauer Wirtshaus war Tanz. Es war schon spät in der Nacht, und viele Gäste waren gegangen. Da kam ein wunderschönes junges Mädchen, das kostbare, fremdartige Kleidung trug.
Der Müllerssohn forderte sie zum Tanz auf. Nach dem Tanz verlangte sie von dem Müllerssohn, daß er sie heimbegleite. An einer bestimmten Stelle verabschiedete sie sich von ihm und bat ihn, am anderen Mittag wiederzukommen. Der Müllerssohn, der sich in die schöne Fremde verliebt hatte, wartete am folgenden Mittag an der gleichen Stelle.
Das Mädchen kam und erzählte ihm, sie sei durch einen Bannfluch ihrer Mutter verwunschen und müsse jetzt seit vielen Jahrhunderten im Berg wohnen, weil sie sich gegen den Willen ihrer Eltern mit einem Liebhaber eingelassen hatte, der kein Geld hatte. Nur alle hundert Jahre dürfe sie einmal für drei Tage aus dem Berg. Heute sei der letzte Tag.
Sie gab dem Müllerssohn eine Schlüsselblume, die sie gepflückt hatte, und bat ihn, ihr zu folgen. Die beiden kamen an ein Felsentor, das weit offen stand. Drinnen glänzte es vor Gold und Edelsteinen, aber da waren auch zwei fürchterliche, feuerspeiende Drachen. Der Müllerssohn bekam es mit der Angst zu tun und flüchtete schnurstracks nach Hause, ohne sich noch einmal umzusehen. Er mußte sich gleich ins Bett legen, und nach drei Tagen war er tot.

Mühlen dienen dem Leben. Jeder, mochte er noch so ehrlos sein, durfte wenigstens sein Korn zur Mühle bringen. Dies zeigt die folgende Geschichte, die sich im fünfzehnten Jahrhundert im Freiburgischen tatsächlich zugetragen hat.
Heinrich Berschi aus Elswil bei Mühletal hatte im Streit den Henslin von Diethársperg erschlagen. Der Grund für diesen Streit ist nicht überliefert. Die beiden Familien waren daraufhin lange verfeindet. Schließlich schlossen die Familien «um Gottes Willen und zum Heil des Verstorbenen» einen Vergleich.
Die Familie des Ermordeten verpflichtete sich, jede Rache fortan zu unterlassen, falls der Mörder der Kirche von Düdingen ein Maß Öl für die Seelenruhe des Opfers schenkt und den Fürtibach, der zwischen Othmarswil und Elswil verläuft, nicht überschreitet.
Von diesem Bann ausgenommen war jedoch der Gang zur Mühle in Mühletal, wo Berschi sein Getreide mahlen lassen durfte. Berschi spendete der Kirche das Öl, und wenn er mit seiner Mühlenfuhr den Fürtibach überquerte, tat er dies wahrscheinlich mit etwas gemischten Gefühlen.

Die schöne Müllerin

Der Liedzyklus von Franz Schubert (Musik) und Wilhelm Müller (Text) erzählt die Geschichte eines Müllerburschen, der sich in eine schöne Müllerin verliebt. Der aber imponiert ein Jäger, und der arme Bursch hat das Nachsehen. In traurigen Liedern besingt er sein Herzeleid und läßt sich schließlich vom Mühlenbach in den ewigen Schlummer wiegen: «Gute Ruh, gute Ruh! Tu die Augen zu!»
Wie die Müllerinnen vergangener Zeiten ausgesehen haben, können wir leider nur vermuten. Anne-Marie Häusler-Dubler hat bei ihren jahrelangen Nachforschungen über die Müller und Mühlen im alten Staat Luzern kein einziges Bildnis einer Müllerin entdeckt. Aber dafür ist sie auf eine pikante

>
Sieht malerisch aus, bedeutete aber für den Müller im Winter gefährliche Arbeit: vereistes Rad an der Mühle von St. Blaise NE.

Episode im Leben des bernischen Müllerburschen Hans Fuchs aus dem sechzehnten Jahrhundert gestoßen, die das Schicksal seines unglücklichen Schubertschen Kollegen Lügen straft. Müllerssöhne, ja sogar Müllerknechte, waren in der Regel eine gute Partie. Sie konnten sich unter den Töchtern ihrer Kunden eine passende, das heißt vitale und vielleicht sogar schöne Frau aussuchen.

Das hatte aber durchaus nicht nur positive Seiten, wie das Erlebnis des erwähnten Hans Fuchs zeigt. Der wurde 1592 in Schinznach, damals bernisches Untertanengebiet, von der Familie eines Mädchens zur Heirat geradezu genötigt. Von einer Schwangerschaft ist in den Akten nichts vermerkt, also scheinen rein wirtschaftliche Gründe eine Rolle gespielt zu haben. Besonders schön und umgänglich scheint die frischgebackene Müllerin nicht gewesen zu sein, denn kurz nach der Heirat setzte sich Fuchs nach Bern ab, um sich dort scheiden zu lassen.

«Mahlt der Müller nicht bey Tag, so versieht's doch die Müllerin mit dem Gardian (Wächter) bey Nacht.» Solche und ähnliche Sprüche, die auf erotische Abenteuer in der Mühle hindeuten, besagen natürlich nicht viel. Wenn schon, dann waren es eher die Müller, die sich sexuellen Eskapaden hingaben. Sie hatten, genauso wie die Großbauern – vom Adel gar nicht zu reden – die nötigen Mittel und die nötige Zeit dazu. Wenn sie Getreidehandel trieben oder Mühlenfahrten unternahmen, waren sie oft außer Haus. Auch Müllerssöhne aus reichem Haus konnten sich erotische Abenteuer ohne anschließende Heiratsverpflichtung leisten: Mit Vaters Geld wurde das Mädchen abgefunden, wie das ja auch in Adelskreisen üblich war. Kaspar ‹Käch› Lütolf aus Büron machte seinem Spitznamen alle Ehre und ist nicht nur als Finanzhai, sondern auch als Frauenheld in die Geschichte der luzernischen Müllerei eingegangen: Er war nicht weniger als dreimal verheiratet und wurde noch im rüstigen Alter wegen fortgesetzten Ehebruchs angeklagt und zu saftigen Bußen verurteilt. Einmal ersteigerte er eine Mühle, die er unbedingt haben wollte, für die Rekordsumme von 14500 Gulden – nach heutigem Geldwert ein Millionenbetrag. Müllerssöhne und -knechte scheinen vor allem Bauerntöchter geheiratet zu haben. Müller unter sich pflegten wenig Kontakt, sie waren ja Konkurrenten. Hingegen war es wichtig, bei den Kunden, also den Bauern, beliebt zu sein. An Affären zwischen Müllerstöchtern und Knechten sind im Luzernischen nur zwei aktenkundig geworden: Im Winter 1636/37 wurde Maria Ineichen, Tochter des Gorgenmüllers, zu 100 Gulden Buße verurteilt, weil sie sich mit einem Müllerknecht eingelassen hatte, aber das Eheversprechen nicht halten wollte; 1637 entführte der Müllerknecht in Rothenburg die Tochter des Meisters.

Müller waren oft die ‹Dorfkönige›. Dazu paßt ganz gut, daß die Müllerstochter in der folgenden Luzerner Sage die Rolle einer schönen und schutzbedürftigen Märchenprinzessin einnimmt.

Ein reicher Alter, aussätzig und deshalb von allen gemieden, schlich in den Wäldern des Lindenberges herum. Da gab ihm ein böser Geist ein, daß ihn ein Bad im Blut von zwölf Jungfrauen heilen könne. Elf hatte er bereits überfallen und getötet. Auf der Suche nach der zwölften ritt er zur Mühle hinunter und verführte das unerfahrene Töchterchen, mit ihm zu kommen.

Als das Mädchen die elf toten Jungfrauen sah, wußte sie, daß es um sie geschehen war. Sie flehte den Alten an, noch dreimal rufen zu dürfen, ehe sie sterben müsse. Der Alte gewährte ihr diesen Wunsch und sagte: «Wir sind hier zwischen Wald und Feld, es hört dich weder Gott noch Welt.» Sie rief nach ihrem Vater, ihrer Mutter und ihrem Bruder. Der Vater saß im Wirtshaus, der Bruder war auf der Jagd, und die Mutter war zu alt, um dem Mädchen zu Hilfe eilen zu können. Aber wie durch ein Wunder hörte der Bruder schließlich die Stimme seiner kleinen Schwester, befreite sie, band den Mädchenmörder mit einem Strick an sein Pferd und schleifte ihn zu Tode.

Auch die Sage von der verkauften Müllerstochter stammt aus dem Luzernischen. Hier tut sich die Tochter vor allem durch ihre religiöse Standhaftigkeit hervor.
Ein Müller mit vielen Kindern und noch mehr Schulden wußte nicht mehr, wie er seine Familie durchbringen sollte. Er ging Geld borgen und begegnete dabei einem freundlichen Herrn, der ihn um den Grund seiner Sorgen fragte. Der Müller klagte sein Leid, und der Herr versprach, ihm das nötige Geld zu schenken. Als Gegenleistung verlangte er nichts weiter als das, was jetzt hinter der Mühlentür stehe. Er werde es nach der Betzeitglocke selber vor der Mühle abholen. Es war gerade um die Mittagszeit.
Der Müller dachte, hinter der Mühlentür könne nichts anderes als der Besen sein, und willigte in den Handel ein. Als sich der Müller mit dem vielen Geld auf den Heimweg machte, kam ihm die Sache immer unheimlicher vor, je länger er darüber nachdachte. Als er zu Hause ankam, war er ziemlich sicher, daß er mit dem Teufel persönlich einen Handel geschlossen hatte. Ängstlich fragte er nach, und dabei kam heraus, daß die Müllerstochter um die Mittagszeit hinter der Tür aufgeräumt hatte. Der Müller gestand nun den Handel mit dem Fremden, und bis zum Abend überlegten alle hin und her, was sie dagegen unternehmen könnten. Die Tochter blieb als einzige gefaßt und sagte, sie werde sich segnen, dann könne ihr der Böse nichts anhaben.
Nach der Betglocke brauste es wie ein Gewittersturm, als der Teufel die Mühle heimsuchte. Der Müller trat vor die Tür, und der Teufel befahl ihm, alles Wasser aus dem Haus zu schaffen, sonst würde er ihn selber mitnehmen. Aus Angst gehorchte der Müller und merkte zu spät, daß jetzt kein Weihwasser mehr in der Mühle war. Aber die Müllerstochter segnete sich kurzerhand mit ihrem eigenen Wasser.
Jetzt verlangte der Teufel, der Müller müsse seiner Tochter die rechte Hand abschlagen, sonst nehme er ihn mit zur Hölle. Die Tochter willigte ein und ließ sich die rechte Hand abschlagen. Der Vater glaubte schon, seine Tochter sei verloren, weil sie sich ohne Hand nicht mehr bekreuzigen könne. Aber die Müllerstochter trat tapfer vor das Haus und bekreuzigte sich mit ihrem Armstummel. Nach stundenlangem Ringen mußte der Teufel schließlich klein beigeben. Seither war der Müller seinen Eid los und lebte mit seiner Familie im Wohlstand.

Müller waren sozusagen immer verheiratet. Das hat seinen guten Grund: Die Müllerin war Stellvertreterin des Müllers, wenn dieser abwesend war, was oft vorkam. Sie fertigte Kunden ab und überwachte die Mühlenknechte. Dabei gab es wohl Gelegenheiten für Flirts, wenn auch vielleicht nur in der Phantasie. Im übrigen mußten sie sich auch zu wehren wissen. Eine, die gar nicht aufs Maul gefallen war, ist Barbara Häfliger, verheiratet mit dem Müller Martin Lütolf in Büron LU. Sie wurde um 1670 wegen ihres bösen Mundwerks zu 35 Gulden Buße verurteilt.
Von bösen Müllerinnen sind zwei Sagen aus dem Aargau überliefert. Die eine machte ihrem Mann das Leben schwer, die andere hatte kein Herz für die Armen. Beiden Frauen ging es schlecht, der einen vor ihrem Tod, der anderen danach.
Ein Müller hatte eine Frau, die ihm mit ihren Launen und ihrer Streitsucht übel mitspielte. Er glaubte, sie sei eine Hexe, konnte sie aber nicht überführen. Eines Abends war er gerade wieder einmal dabei, den Mühlstein mit dem Breithammer zu schärfen.
Da springt plötzlich ein ganzes Rudel Katzen auf den Mühlstein und hindert ihn mit frechem Treiben am ‹Müllihau›. Dem Müller wird's schließlich zu bunt; er nimmt den Hammer und schlägt der nächstbesten Katze eine Vorderpfote ab. Am anderen Morgen liegt seine Frau mit verbundener Hand im Bett.
Die Müllerin von Wohlen war reich, aber hartherzig. Ihren Ferkeln fütterte sie Milch und Weißbrot, aber den Armen, die vor der Mühle um ein bißchen Essen bettelten, gab sie nichts. Nach ihrem Tod fand sie keine Seelenruhe, und ihr Geist saß auf dem Dach des Schweinekobens herum.
Die Verwandten waren ratlos und fragten

den Pfarrer, was dagegen zu tun sei. Der Pfarrer schlug vor, man solle die Müllerin selber fragen, was sie für ihre Seelenruhe nötig habe. Das geschah auch. Aber die Müllerin verlangte so viele Seelenmessen, die gelesen werden sollten, und so viele Maltersäcke von Weizen, die unter die Armen verteilt werden sollten, daß den Erben angst und bange wurde. Lieber ließen sie die Müllerin auf dem Schweinekoben sitzen. Dreißig Nächte saß sie dort. Dann verschwand sie und wurde nie wieder gesehen.
Mühlenhexen und böse Müllerinnen tauchen in der Sagenwelt immer wieder auf – die schöne Müllerin ist dagegen eine Figur der romantischen Dichtung. Die negativen Frauenfiguren in der bäuerlichen Erzählkultur sind Ausdruck einer Zeit, die von einer ungeheuerlichen Frauenfeindlichkeit geprägt war. Sagen von Mühlenhexen mögen uns heute am warmen Kaminfeuer zu einem wohligen Schauer verhelfen. Aber wenn in früheren Jahrhunderten eine Mühle aus einem unerfindlichen Grund plötzlich stillstand, dann Gnade Gott allen Frauen, die besonders schön, besonders häßlich, besonders klug oder sonstwie auffällig waren: Sie liefen Gefahr, als ‹Mühlenhexe› gefaßt und auf dem Scheiterhaufen lebendigen Leibes verbrannt zu werden wie Elsa Peignard 1609 in Delsberg. Sie wurde zum Tode verurteilt und hingerichtet, weil sie angeblich die Mühlräder verhext hatte, so daß die Mühlen stillgestanden seien und die Bevölkerung kein Brot mehr bekommen konnte.

Wasser auf die eigene Mühle

Im Winter 1600/01 beklagten sich die Amriswiler Müller Krapf und Hungerbühler, daß Daniel Laib, Müller auf der weiter oben gelegenen Mühle von Mühlebach, das Wasser in seinem Weiher zurückstaue und den Überschwall nicht ins Bachbett leite, sondern auf seine Wiese. Ein Schiedsgericht schlichtete den Streit.
Der Müller von Mühlebach durfte das Wasser nur noch von Samstag Mitternacht bis Montag Mittag in seinem Weiher stauen, außerdem von Dienstag abend 6 Uhr bis Mittwoch morgen 6 Uhr. Nur bei einem Überfluß an Wasser durfte er mit Zustimmung der anderen Müller auch zu anderen Zeiten stauen.
Hundertdreißig Jahre später beschäftigte ein weiterer Wasserstreit, diesmal zwischen den Krapfs und den Hungerbühlers, sogar die Tagsatzung der acht alten Orte. Es begann damit, daß 1732 die Gebrüder Hungerbühler, Besitzer der Rütimühle in Amriswil, den Wasserlauf so veränderten, daß mehr Wasser auf ihre Mühle floß. Die Krapfenmühle (spätere Neumühle) wurde dadurch stillgelegt.
Ihr Besitzer Hans Conrad Krapf brachte als Abhilfe Wasserkännel an, um das Wasser des Mühlebaches wieder auf seine Mühle zu leiten. Für den Ausfall der Mühle und die Kännelkosten klagte Krapf auf einen Schadenersatz von insgesamt 142 Gulden 42 Pfennig. Die Gebrüder Hungerbühler wurden zu einer Buße von 20 Gulden verurteilt und mußten den abgegrabenen Mühlebach wieder in den vorherigen Stand versetzen. Krapf seinerseits versprach, den Kännel wieder abzubrechen.
Wenn zwei Parteien sich um dieselbe Quelle stritten, dann siegte in der Regel jene, die ältere Wasserrechte nachweisen konnte. Nur in den allerseltensten Fällen dürfte ein Wasserstreit mit einem friedlichen ‹Bachteilet› geendet haben wie 1605 im thurgauischen Triboltingen. Dort stritten sich der Müller Felber und die Gemeinde um die Quelle Hagenbachsbrunn. Schließlich einigte man sich, daß der Teil des Baches, «so im Felsen entspringt gegen den Hag», der Gemeinde gehört, «der ander Fluß dem Müller zu seiner Mühle.»
Einem anderen das Wasser abgraben, das Wasser auf die eigene Mühle leiten – was heute noch als Redensart im übertragenen Sinne gemeint ist, war früher harte Realität. Wasser war oft knapp, vor allem, wenn es lange nicht geregnet hatte. In vielen Dörfern gab es mehrere Mühlen am selben Bach. Wenn der Obermüller das Wasser staute, dann stand dem Untermüller die Mühle still.
Nicht immer war böser Wille im Spiel, wenn

>
Neues Wasser auf neue Mühle: renoviertes Stockrad in St. Luc VS wird zum ersten Mal wieder in Betrieb gesetzt.

ein Müller seine Konkurrenten schädigte. Als nach dem Brand von Sursee 1734 die Stadtmühle neu aufgebaut wurde, lag die Kanalsohle durch Brandschutt etwas höher als vorher. Der Mühlenbauer erhöhte deshalb die Schwelle um dreieinhalb Zoll (ca. 9 cm). Durch den Rückstau der Suhr verringerte sich die Leistung der Vorstadtmühle auf ein Drittel bis ein Fünftel. Der Stadtmüller und seine Handwerker stritten jede Veränderung ab, aber nach einem sechsjährigen Prozeß konnte der Vorstadtmüller durchsetzen, daß das Wehr tiefergelegt und der Kanal ausgeschaufelt werden mußte. Diese Arbeiten waren erst nach weiteren zwei Jahren abgeschlossen.

Daß sich Mühlen jahrhundertelang technisch kaum weiterentwickelten, liegt nicht etwa an fehlendem Erfindungsgeist der Mühlenbauer. Schuld ist die Konkurrenz, die peinlich genau darauf achtete, daß ein Müller etwa eine abgebrannte oder verlotterte Mühle genauso wieder aufbaute, wie sie vorher bestand. Wenn sie vermuteten, der andere habe seine Mühle verbessert, erhoben sie Einspruch beim Grundherrn, oft mit Erfolg, wie die folgende Episode zeigt.
Der Müller Hans Schmutz aus Noflen FR besaß eine Mühle in der Tuftera, die er 1631 mit obrigkeitlicher Bewilligung abbrach und in Noflen neu aufbaute. Obwohl das Dekret ihm ausdrücklich jede Neuerung untersagte, richtete er bei dieser Gelegenheit einen zweiten Mahlgang ein. Sein Konkurrent Adam Nußboum aus Richterswil klagte beim Rat gegen Schmutz und machte geltend, er habe durch den zweiten Mahlgang des Schmutz zahlreiche Kunden verloren und sei dadurch in finanzielle Schwierigkeiten geraten.
Schmutz wandte dagegen ein, er habe nur die Kunden von Bösingen dazugewonnen, die vorher zum Mahlen nach Laupen fahren mußten. Auch habe er an seiner neuen Mühle in Noflen nur ein Rad anstatt zwei wie vorher in der Tuftera. Das Rad könne nicht beide Mahlwerke zur selben Zeit treiben. Der zweite Mahlgang würde lediglich als Ersatz laufen, wenn der erste zum Bearbeiten der Steine stillgelegt sei.
Der Rat ließ jedoch diesen Einwand nicht gelten und verurteilte Schmutz, den zweiten Mahlgang abzubrechen und eine Buße von hundert Pfund an die St. Niklauskirche in Freiburg zu zahlen.

Eine besondere Methode, unliebsame Konkurrenz auszuschalten, entwickelten die Grundherren, sowohl weltliche Landjunker und -vögte als auch Klöster, die eigene Mühlen besaßen: Sie zwangen die Bauern ganz einfach durch ein Dekret, das Korn in ihrer Mühle mahlen zu lassen. Solche Zwingmühlen waren im dreizehnten und vierzehnten Jahrhundert die Regel. Der Müller war nicht Besitzer seiner Mühle, sondern Leibeigener (Höriger) des Grundherrn.
Gegen Zwingmühlen wehrten sich natürlich die umliegenden Konkurrenten, oft mit Erfolg. Wie ein Gotteshaus mit seinen unlauteren Absichten vor Gericht abblitzte, erzählt die folgende Geschichte.
Das Kloster Münsterlingen hatte ursprünglich die mittlere Mühle Bottighofen besessen, was in einem Zinsrodel des Jahres 1303 erwähnt ist. Danach muß die Mühle in die Zinspflicht des Chorherrenstifts St. Stephan in Konstanz übergegangen sein. 1637 gelang es dem Kloster, die Mühle zurückzukaufen. Es wollte damit die gutgehende untere Mühle ausbooten, auf der die Familie Rutishauser saß. Das Kloster zwang alle umliegenden Bauern, in seiner mittleren Mühle mahlen zu lassen. Rutishauser hatte das Nachsehen und klagte vor Landgericht. Nach jahrelangem Prozeß bekam er schließlich recht: Das Gericht befand das Kloster 1639 für schuldig, es mußte dem Rutishauser für entgangene Verdienste ‹etwelche Ergötzlichkeiten› ausrichten, durfte den Mahlzwang nicht mehr ausüben und wurde sogar dazu verpflichtet, sein Korn wieder in der unteren Mühle mahlen zu lassen.
Von einem Mühlenjunker, der sein Zwingmühlenrecht sehr streng ausübte und deshalb bei der Bevölkerung verhaßt war, erzählt die folgende Sage aus dem aargauischen Seon.
Der Junker hatte einen Hund, den er

Heute sind die Zeiten des Reichtums aus der Mühle unwiderruflich vorbei.

abgöttisch liebte. Als der Hund starb, ließ er ihm einen prunkvollen Sarg machen, zog ein Trauergewand an und schritt hinter dem Sarg her, den zwei seiner Knechte auf einer Bahre trugen. Der Hund wurde im Garten begraben.
Als der Junker starb, fand sein Geist keine Ruhe. Man sieht ihn manchmal in seinem schwarzen Trauermantel gemessenen Schrittes zwischen Mühle und Hundegrab hin- und hergehen. Vor vielen Jahren hat man einmal die Stelle umgegraben. Dabei fand man kein Hundeskelett, sondern das eines Menschen.
Mit dem Wechsel der Grundbesitzverhältnisse verloren diese Zwingrechte (Twing) ihre Bedeutung. Einzelne Zwingrechte lassen sich noch bis ins siebzehnte Jahrhundert nachweisen. Sie wurden von den Mühlenbesitzern zwar beansprucht, von der Obrigkeit jedoch kaum mehr geschützt. Als sich der Zwang immer weniger durchsetzen ließ, entwickelten die Müller eine neue Methode, um sich auf Kosten der Konkurrenten Kunden zu sichern: die ‹Mühlenfahrt›. Das heißt, sie machten mit ihren Fuhrwerken bei den Bauern die Runde, holten das Korn ab und brachten das Mehl zurück. Viele Müller waren dabei gar nicht zimperlich und befuhren die Einzugsgebiete ihrer Konkurrenten.
Den Vogel schoß aber im achtzehnten Jahrhundert ausgerechnet ein kirchlicher Würdenträger ab. Der Bischof von Bischofszell TG besaß eine Zwangsmühle an der Sitter. Alle Bischofszeller waren verpflichtet, ihr Korn dort mahlen zu lassen. Aber damit nicht genug. Der habgierige Kirchenfürst ließ seinen Müller fast täglich mit dem Fuhrwerk in den umliegenden Dörfern die Runde machen und von den Bauern Mahlgut für seine Mühle mitnehmen. Die dortigen Kundenmüller hatten das Nachsehen. Umgekehrt wurden diese Müller mit hohen Bußen bestraft, wenn sie dabei erwischt wurden, daß sie für Bischofszeller Kunden mahlten.
Im Jahre 1759 wurde es diesen Müllern schließlich zu bunt. Gemeinsam und mit Unterstützung durch den Gerichtsherrn Gonzenbach legten sie bei der Tagsatzung Protest gegen die unlauteren Wettbewerbsmethoden des Bischofs ein. Damit wurde dieser Anachronismus aus längst vergangenen Feudalzeiten auch im Thurgau abgeschafft.

In der Regel galt in der Mühle der Grundsatz: Wer zuerst kommt, mahlt zuerst. Damit waren die Rechte der kleinen Kunden geschützt, die jeweils den Haushaltbedarf für einige Wochen mahlen ließen. Die reichen Bauern mit ihren Großaufträgen durften nicht bevorzugt werden.
Von dieser Regel gab es natürlich Ausnahmen. Sie waren in Mühlenservituten festgeschrieben. Ein solches Servitut ist zum Beispiel von der Mühle in Basadingen TG überliefert. Die Urkunde aus dem vierzehnten Jahrhundert enthält folgenden Passus: «Es hat der Keller, wenn er in die Mühle kommt, das Recht, daß man ihm mahlen soll, was er bedarf. Falls der Müller schon Korn auf der Mühle hat, soll er das abschütten und ihm (d.h. dem Keller) mahlen, was er bedarf, danach dem Widmer, danach dem Huber und danach jedem, soweit er belehnt ist.»

Gold und Edelsteine

Ein Ritter prahlte einst mit seinen Juwelen. Da erwiderte ihm ein Müller, der ebenso reich war: «Ich habe nur zwei Edelsteine. Aber die bringen mir Jahr für Jahr mehr als fünfhundert Gulden ein!»
Müller waren früher tatsächlich reich. Nach einer Auswertung von alten Steuerlisten des Kantons Luzern kam Anne-Marie Häusler-Dubler zu folgendem Ergebnis: Zwei Drittel aller Landmüller gehörten zu der Oberschicht, ein Viertel verfügte über ein mittleres Einkommen, und nur gerade 9 Prozent betrieben ihre Mühle als Kleinbetrieb. Jeder fünfte Müller war sogar der reichste Mann in seinem Dorf. So zum Beispiel der Knutwiler Müller Jakob Lütolf. Über seinen sagenhaften Reichtum kursierten im Dorf die wildesten Gerüchte. Als er starb, hieß es, er habe einen Schatz vergraben. Sogar die Söhne und Töchter, deren tatsächliches Erbe offenbar nicht annähernd so groß

>
Prall gefüllte ‹Mehlsäcke› aus Zement vor der Steffisburger Bankfiliale symbolisieren, was in früheren Zeiten ein tüchtiger Müller aus seiner Mühle herausholen konnte: Reichtum, Vermögen, Wohlstand ...

Bankkonto
der Tasche
Krügerrand!

war, wie im Dorf gemunkelt wurde, fielen auf die Geschichten herein. Sie suchten noch jahrelang nach dem Tod ihres Vaters nach dem verborgenen Schatz, bis sie schließlich vom Landvogt wegen unerlaubter Schatzgräberei bestraft wurden.

Müller verlangten seit alters ihren Mahllohn in Form von Getreide, etwa ein Zwanzigstel bis ein Zehntel des Mahlgutes. Damit waren sie der Geldentwertung viel weniger ausgesetzt. In Zeiten der Teuerung und Hungersnot konnten sie sogar einen schwungvollen Getreidehandel aufziehen und viel Geld machen. Im Jahre 1740 schaffte die Stadt Basel als erster Staat den Naturallohn ab. Bern folgte 1770, und Zürich stellte im selben Jahr den Kunden frei, ob sie in Geld oder Getreide zahlen wollten.
Bis im fünfzehnten, sechzehnten Jahrhundert, als noch der Adel über den meisten Grundbesitz verfügte, waren Mühlen sogenannte ‹Lehen›. Der Lehenvertrag ist eine Art altertümliche Pacht. Der Lehenmüller war dem Grundherrn und Mühlenbesitzer zinspflichtig. Für den Unterhalt der Mühle und die daraus entstehenden Kosten war der Müller zuständig. Oft war das Lehen erblich, ging also vom Müller an seine Nachkommen über. Ein Müller konnte sein Lehen auch verkaufen.
Mit der Zeit entwickelte sich über den Mehrwert, den ein geschickter Müller bei guter Konjunkturlage im Laufe der Jahre und Jahrzehnte erwirtschaften konnte, eine neue Art des Eigentums an der Mühle. Bei produktiven Mühlen konnte dieser Mehrwert um ein Mehrfaches höher sein als der ursprüngliche Wert der Mühle, von dem der alte Lehenvertrag ausging.
So lösten neue Eigentumsverhältnisse und Pachtverträge nach bäuerlichem Muster die überkommenen Lehen nach und nach ab. Immer mehr wurde zur Regel, daß der Müller auch Eigentümer und damit Herr und Meister auf seiner Mühle war. Diese Entwicklung vollzog sich in den einzelnen Gebieten der Schweiz unterschiedlich schnell. Bisweilen hatte die Regierung ein Interesse, den Einfluß des alten Adels zu schwächen, und förderte durch Vergabe von Wasserrechten und Mahlkonzessionen die freie Müllerei.
Neben dem Adel trat oft auch die Kirche als Mühlenherrin auf. So unterzeichnete am 25. Januar 1374 Konrad Gugelheim von Ermatingen TG einen Vertrag, mit dem ihm die Kirche St. Johann in Konstanz die Mühle von Ermatingen zu Lehen überließ. Der Lehenzins betrug zehn Mütt (d. h. etwa 1000 Liter) Kernen, 1 Pfund 6 Schilling Konstanzer Münz, zahlbar in 4 Raten jeweils zu Fronfasten, ferner 100 Eier zu Ostern und 2 Fasnachtshühner zu Fasnacht. Das besondere an diesem Lehenvertrag ist ein Passus, mit dem sich die geistliche Obrigkeit regelmäßige Zinszahlungen sichern wollte: Der Vertrag sah nämlich vor, daß der Müller bei säumiger Zahlung exkommuniziert werden konnte.
Auf eine ganz andere Art mit der Kirche verbunden war einst die Kreuzmühle an der Galtern im Freiburgischen. Sie gehörte im achtzehnten Jahrhundert einem Augustinerkloster. Die Mühle mahlte so schlecht, daß der Prior einmal ins Handbuch schrieb: «Die Creützmühl fuit mihi vera crux», d. h. war ein wahres Kreuz für mich.
Im Jahre 1818 kaufte der Orgelbauer Aloys Mooser die Mühle mit der Absicht, darin eine Furniersägerei und ein Zinnwalzwerk für den Bau seiner heute noch berühmten Orgel der St. Niklaus-Kathedrale in Freiburg einzurichten. Am 7. September 1827 bewilligten Schultheiß und Staatsrat von Freiburg diesen Umbau entgegen einem Einspruch der Gemeinde, die unweit der Kreuzmühle eine eigene Sägerei besaß. Mooser konnte jedoch mit Erfolg geltend machen, daß diese Sägerei nicht imstande war, die für den Orgelbau erforderlichen Präzisionsarbeiten auszuführen. Der Orgelbau dauerte bis 1834. Danach hatte die Mühle für Mooser ihren Zweck erfüllt, und er verkaufte sie 1836 an einen Johann-Jakob Zbinden.
Ja, es ist schon erstaunlich, was man mit einer Mühle und etwas Phantasie alles anfangen kann. Besonders, wenn man auf die übliche Weise trotz allen Anstrengungen nie auf einen grünen Zweig kommt. So soll einmal der Müller Peter Wyss im

solothurnischen Büren mit dem Ertrag seiner Mühle nicht zufrieden gewesen sein. Er wollte schnell reich werden und versuchte es auf krummen Wegen. Zusammen mit zwei anderen Müllern heckte er den Plan aus, in seiner Mühle Falschgeld zu prägen. Von einem Schlosser in Breitenbach ließen sie sich einen Prägestock machen. Der Bürenmüller prägte das Geld, und auch die beiden Mitwisser bekamen ihren Anteil.
Da alle drei das Falschgeld nur sehr vorsichtig in Umlauf brachten, merkte lange Zeit niemand etwas. Bis eines Tages der Sohn des Bürenmüllers übermütig wurde. Er war bei den Dragonern eingeteilt und nahm beim Einrücken beide Satteltaschen voll Falschgeld mit. Einem Kameraden fielen die schweren Satteltaschen auf, und so platzte der Schwindel. Die drei Müller wurden vor Gericht gestellt, mußten eine gesalzene Buße bezahlen und kamen ein Jahr hinter Schloß und Riegel.
Daß es bei dem Reichtum der Müller nicht immer mit rechten Dingen zuging, vermuteten vor allem die Bauern. Der unehrliche Müller ist eine Figur, die in der Sprüche- und Schwankliteratur Europas oft auftaucht. Die Müller, so hieß es, würden mit zweierlei Maß messen – mit einem zu großen für sich und einem zu kleinen für den Kunden.
Solche Maßbetrügereien wurden von der Obrigkeit streng geahndet. So wurde der Müller Huber von Triengen LU 1670 mit 600 Gulden, d.h. einem Jahreseinkommen, gebüßt, weil er zwanzig Jahre lang falsche Maße benützt hatte. Daß es ihm so lange gelungen war, seine Kunden zu täuschen, verdankte er einem raffinierten Trick: Er befestigte im Maßbecher einen Holzklotz, der das Volumen verkleinerte. Wenn er sah, daß ein Kontrolleur kam, ließ er den Klotz jeweils unauffällig verschwinden.
Andere Müller verwendeten ein zu großes Lohnmaß, mit dem sie das ihnen zustehende ‹Mülikorn› in die eigene Truhe schöpften, oder ein zu kleines Kundenmaß, oder beides zusammen. Sie hielten Kleie zurück, die den Bauern zustand, und fütterten damit ihre Schweine. Aber solche Verfehlungen scheinen doch Ausnahmen gewesen zu sein. Die meisten Bauern haben sich wohl nicht so leicht übers Ohr hauen lassen wie in der folgenden Geschichte aus Spanien.
Ein Bauer, der einem Müller sein Korn zum Mahlen gegeben hatte, glaubte sich betrogen und stellte den Müller deshalb zur Rede. Der Müller gab zu, ein zu großes Maß benützt zu haben, aber er versprach, diesen Fehler wieder gutzumachen. Er werde ein kleineres Maß besorgen. Als der Bauer wiederkam, um das gemahlene Korn abzuholen, maß es der Müller mit einem zu kleinen Maß zurück. Der Bauer war es zufrieden und merkte nicht, daß er gleich zweimal betrogen worden war.

Wassernot, Hungersnot

«B'hüet is Gott vor em Chalt!» So mag im sechzehnten Jahrhundert manche besorgte Mutter im Berner oberländischen Haslital gebetet haben, wenn ihr abgemagertes Kind mit fieberglänzenden Augen in seinem Bettchen lag und fröstelte. Die Malaria, das Sumpffieber, war in jener Gegend seit Menschengedenken unbekannt gewesen. Innerhalb weniger Jahrzehnte zog diese Tropenkrankheit damals auch in die flachen Gebiete zwischen Brienz und Meiringen ein und brachte Siechtum und Tod mit sich. Die Einheimischen nannten sie ‹dr Chalt›, wegen des Schüttelfrostes, der die Fieberschübe begleitet. Ein Gegenmittel wie Chinin war damals noch unbekannt.
Schuld an dieser Not war eine neue Mühle. Die Mönche des Klosters Interlaken hatten sie 1433 in Unterseen errichtet und zu ihrem Betrieb die Aare mit einem Wehr hochgestaut. Die Mönche hätten auf dieses Vorhaben wahrscheinlich verzichtet, wenn sie die verheerenden Folgen für Landschaft und Bevölkerung vorausgesehen hätten. Der Spiegel des Brienzersees stieg um anderthalb bis zwei Meter. Der Rückstau an der Aare reichte bis weit über deren Einmündung in den Brienzersee hinaus, bis oberhalb von Meiringen, wo die Aareschlucht beginnt. Wegen des verringerten Gefälles floß die Aare träger als vorher, und in ihrem Flußbett lagerte sich mehr

>
Hier fehlt es an Wasser: trockenes Mühlrad zwischen Wiggwil und Auw AG.

Geschiebe ab. Bei jedem Hochwasser wurden nun weite Gebiete des flachen Aaretales überschwemmt. Die Chroniken berichten, daß die Meiringer in Kähnen über ihre Weidezäune gefahren seien.
Die Aare-Ebene versumpfte zu einem großen Teil, die landwirtschaftlichen Erträge gingen massiv zurück. Die Einwohner litten Hunger und wurden teilweise zur Auswanderung gezwungen. Zu der Hungersnot gesellte sich, wie erwähnt, die Malaria. Sie wird durch die Anopheles-Mücke übertragen, die sich damals in riesigen Schwärmen in den Aare-Sümpfen vermehrte.
Erst mehr als vierhundert Jahre nach Inbetriebnahme der Mühle von Unterseen wurde die Ebene durch eine aufwendige Gewässerkorrektur in den Jahren 1864 bis 1880 saniert. Diese Korrektur kostete die Grundeigentümer ein Vermögen. Viele Bauern, die sich eine Beteiligung an den immensen Kosten nicht leisten konnten, waren gezwungen, ihren Hof zu verkaufen und wegzuziehen.
Von einem Müller, der aus Rache mutwillig Land überschwemmte, handelt die folgende Geschichte. Ausgerechnet ein Gerichtsherr war es, der sich im sechzehnten Jahrhundert zu der unüberlegten Tat hinreißen ließ. Sie richtete zum Glück nur begrenzten Schaden an und konnte leicht wieder rückgängig gemacht werden.
Der Zwist begann damit, daß der Gerichtsherr des thurgauischen Dorfes Oberaach, Niklaus de Gall, seine wirtschaftliche Macht auszubauen gedachte. Er besaß bereits die Mühle von Oberaach zu Lehen und hatte im Sinn, in Niederaach eine zweite Mühle zu bauen. Zu diesem Zweck legte er erst einmal einen Weiher an und ließ sich dafür vom Spital St. Gallen ein Stück Waldland verleihen.
Das Spital erlaubte die Anlage des Weihers, aber nur unter der Bedingung, daß keine neue Mühle, Säge oder Stampfe errichtet würde. Im Oktober 1585 schloß de Gall mit dem Spital einen entsprechenden Vertrag ab, der ihn zu einem Zins von einem Mütt Kernen verpflichtete. De Gall versuchte trotz dieses Vertrages nachträglich noch eine Mühle zu bauen, aber das Spital klagte zuerst beim Landvogt und schließlich noch bei der Tagsatzung und bekam recht.
De Gall rächte sich für diese Niederlage, indem er den Weiher so stark staute, daß dem Spital viel Holz ertränkt wurde. Später mußte er sich in einem zweiten Vertrag verpflichten, noch einmal ein Mütt Kernen nachzuzahlen.
Erst achtzig Jahre später gelang es den Herren von Salis-Soglio, die inzwischen Gerichtsherren und Müller in Oberaach waren, das Patent für eine zweite Mühle zu erhalten.
Auch ein zweiter thurgauischer Gerichtsherr und Müller hatte Probleme mit dem Wasser. Allerdings auf eine ganz andere Art. In Neuburg bei Mammern baute Karl Anton Püntener 1672 eine schöne neue Mühle und Taverne mit zwei Mahlgängen und einem Rellgang. Im Wirtshausschild führte sie eine Taube und wurde deshalb ‹Taubenmühle› genannt.
Püntener hatte allerdings die Wasserführung des Baches gehörig überschätzt. Oft stand sie wegen Wassermangel still und hieß deshalb auch die ‹dürre Mühle›. Weil sie so wenig Profit abwarf, leistete Püntener den Mühlenzins dadurch ab, daß er zwei Juchart Rebland bearbeitete. Im 18. Jahrhundert ging die Mühle ein und war danach ein Wohnhaus. 1870 wurde sie abgebrochen.
Dürrezeiten waren in früheren Jahrhunderten doppelt schlimm. Einerseits waren die Ernten schlecht, und andererseits konnte das wenige Getreide wegen Wassermangel nicht mehr gemahlen werden. Die Getreidesäcke stauten sich dann in der Diele, und die Bauern mußten wochenlang auf ihr Mehl warten. So heißt es in einer alten Chronik aus dem Jahre 1595: «Nachdem jetzo ain von wegen des grimmen und kalten wätters dermassen Mangel an Wasser, also dass in vielen Müllinen jetzo khain rad mehr gangen, und ain solche not umb mehl seye, dass jetzo in acht tagen in villen hüsseren khain bizen broth mehr gewesen seye, sondern müssen die Leuth nur dürr bieren (Birnen) dafür essen.»
Vor allem in Gegenden, wo die Bäche

unregelmäßig Wasser führten, legten die Müller oft einen Mühlenweiher an. Das Wasser wurde über Nacht gestaut und tagsüber während einigen Stunden ‹abgemahlen›. Sparsamkeit war geboten, denn wer zuviel Wasser abmahlte, dem gingen die Fische ein.
Waren Mühlen direkt am Wasser gebaut, drohte die Gefahr, daß sie bei Überschwemmungen fortgerissen wurden. Viele Müller bauten ihre Mühlen lieber an einem sicheren Ort und führten das Wasser in Kanälen oder hölzernen Känneln heran. Trotzdem standen viele Mühlen nicht im Dorf, sondern in abgelegenen Tobeln, wo die Urkraft des Wassers schäumte, und wo ängstliche Wanderer sich kaum über den Steg trauten.
An einer solchen wildromantischen Stelle führte einst ein Steg über das Flüßchen Ärgera im Freiburgischen. Ganz in der Nähe stand die Mühle Färtschera. Der Steg für die Fußgänger wurde oft weggerissen. Die Fuhrwerke, die ins Welschland wollten, mußten den Weg über eine Furt nehmen, die bei Hochwasser sehr gefährlich war. Die Müllerknechte von der Färtschera waren dafür bekannt, daß sie ängstliche Reisende wie der heilige Christophorus über den Wildbach trugen oder solche, die ins Wasser gefallen waren, aus den Fluten retteten. Besonders berühmt wurde ‹de leng Jurler›, der zahlreiche Passanten gerettet haben soll.

Noch mehr Spuk

In Mellingen lebte einst ein Öler. Öler waren, im Unterschied zu Müllern, meistens arme Leute, denn Ölmühlen warfen nicht soviel Profit ab wie Getreidemühlen. So mußte der Öler sein Getreide sackweise zur Mühle ins Nachbardorf Reckingen schleppen und das Mehl wieder abholen, wie eine aargauische Sage berichtet.
Er beeilte sich jeweils, um noch vor Betzeit heimzukehren. Denn jedesmal, wenn er nach der Betzeitglocke noch mit seinem Mehlsack auf dem Buckel unterwegs war, ging es ihm schlecht. Dann saß nämlich an einem Graben, der die Grenze zwischen den Gemeinden Mellingen und Reckingen bildet, ein ‹Hockauf›, ein brennendes Ungeheuer, das ihm auf den Rücken sprang.
Der Hockauf setzte sich auf den Mehlsack und ließ sich den ganzen Weg nach Mellingen tragen. Der Öler brach unter der Last schier zusammen. Erst als er sein Haus erreicht hatte, sprang der Hockauf wieder ab und eilte zu seinem Graben zurück. Man nennt ihn den Hansgraben. Der Öler sagte dann jeweils halblaut: «So, du Hund, gehst wieder!» Dort, wo der Hockauf gesessen hatte, war der Mehlsack schwarz.

Die folgende Sage aus dem Fricktal handelt von einem unehrlichen Müllerburschen, der eine gutgehende Mühle ruinierte und selbst nach seinem Tod keine Ruhe gab. Es ist die Geschichte vom Wolfsgrabengeist zu Leidikon.
In der Mühle von Leidikon diente ein Müllerbursche aus armem Hause. Er stellte sich so geschickt an, daß man ihm mit der Zeit immer mehr Verantwortung übertrug. Er mißbrauchte jedoch dieses Vertrauen und betrog die Müllersleute, wo er nur konnte. Er verkaufte heimlich von dem Mühlengeschirr, stahl Getreide, streckte das Kundenmehl mit Gips und wirtschaftete so die Mühle herunter, bis der Müller in Konkurs ging.
Der Müllerknecht, der schon ziemlich viel Geld in die eigene Tasche gewirtschaftet hatte, kaufte jetzt die Mühle. Das Geld reichte bei weitem nicht, aber er stellte einem reichen Mädchen nach, um mit der Mitgift den Rest des Kaufpreises zu zahlen. Nach der Hochzeit begann der neue Müller seiner Frau das Leben sauer zu machen, um sie so bald als möglich wieder loszuwerden. Das gelang ihm aber nicht. Im Gegenteil: Da er seine Kunden weiter betrog, ging es ihm nicht besser als seinem Meister. In kurzer Zeit blieben die Kunden weg, und das verdroß den Müller so sehr, daß er darüber starb.
Die beiden Söhne übernahmen jetzt die Mühle und versuchten, durch Ehrlichkeit und Fleiß das Vertrauen der Kunden wieder zu gewinnen. Aber der Geist des Verstor-

<
Einsame Mühle auf der Schwarzwaldalp im Berner Oberland.

>
Am Stadtmuseum von Murten FR sind zwei restaurierte Wasserräder zu bewundern.

benen tat alles, um sie daran zu hindern. Er ging in der Mühle um und störte alle Arbeit. Er bohrte zum Beispiel verborgene Löcher in den Mühlenkännel, daß das Wasser abfloß und die Mühle stillstand.
Schließlich wurde es dem einen Sohn zu bunt, und er holte einen Benediktiner aus dem Stift Muri, um den Geist zu beschwören. Das nützte aber nichts, und so wurde noch ein zweiter Exorzist geholt, nämlich ein Kapuziner aus dem Kloster Laufenburg. Jetzt mußte der Geist nachgeben. Er versprach zu gehen, aber nur unter der Bedingung, daß er sich der Mühle jedes Jahr um einen Mannsschritt nähern dürfe. Der Kapuziner handelte diese Bedingung auf einen Hahnenschritt pro Jahr herunter. Der Geist des Müllers kroch in ein Glas, und der Sohn trug es in den Wald hinaus und versenkte es in der Höhle des Wolfsgrabens, der zwischen der Mühle und der Rheinstraße liegt.
Wer dieser Höhle zu nahe kam, konnte seltsame Dinge erleben: ein seltsames Raunen und Wimmern, bleibende Ausschläge am Kopf oder eine plötzliche Ohrfeige aus dem Nichts. Viele Jahre später behauptete eine Mühlenmagd, der Geist sei der Mühle wieder ziemlich nahe gekommen. Sie habe ihn schon einige Male um Mitternacht als großen schwarzen Hund im Dorfbach laufen sehen.
Von einem ganz anderen Mühlenknecht berichtet die folgende Sage aus dem Kanton Nidwalden. Wie fleißig dieser Knecht war, ist nicht überliefert. Aber eines war er ganz bestimmt: ehrlich.
Bei der vorderen Mühle in Hergiswil soll einmal eine mächtige Linde gestanden haben. Der Mühlenknecht ging oft dorthin, um im stillen zu beten. Das paßte dem Meister nicht, weil er glaubte, der Knecht bete zuviel und versäume dabei seine Arbeit. Der Meister ließ die Linde fällen. Das brachte ihm aber Unglück im Stall. Um die Sache wieder gutzumachen, baute er ein Heilighäuschen und ließ dort für die armen Seelen ständig eine Kerze brennen. Von da an ging es mit dem Vieh wieder besser, aber im Haus spukte es dennoch von Zeit zu Zeit. Der Müller und seine Familie gelobten, an heiligen Tagen kein Fleisch mehr zu essen.
Später, als der Müller die Mühle verkaufte, wollte der Käufer dieses ‹geistliche Servitut› nicht mit übernehmen. Er stellte die Bedingung, daß die Last des Gelübdes auf den neuen Hof der Müllersfamilie fallen sollte. Das geschah, und seither ist der Spuk aus der Mühle verschwunden.

Literatur

Baldinger, Oskar: Die mittlere Mühle in Schinznach-Dorf. Industriearchäologie 3/1983, 2–7.

Bärtschi, Hans Peter: Industrielehrpfad Zürcher Oberland. Industriearchäologie 1/1985, 2–18.

Binggeli, Albert: Drum singe, wem Gesang gegeben. Das alte Guggisbergerlied.

Braunburg, Annemarie und Rudolf: Schöne alte Wassermühlen. Schneekluth, München 1981.

Dubler, Anne-Marie: Müller und Mühlen im alten Staat Luzern. Rex-Verlag, Luzern 1978.

Eidg. Amt für Wasserwirtschaft: Statistik der Wasserkraftanlagen in der Schweiz. Bern 1928.

Funk und Wagnalls Standard Dictionnary of Folklore, Myth and Legend.

Gähwiler, Adolph: Unsere hölzernen Wasserräder. Industriearchäologie 4/1981, 2–10.

Gähwiler, Adolph: Vom und von Stampfen zu allen Kulturzeiten. Industriearchäologie 3/1982.

Garin, Marcel: Les moulins souterrins de Col-des-Roches. In: Unsere Kunstdenkmäler, 1985/2, Verlag Stämpfli & Cie., Bern.

Hager, P. Dr. Karl: Flachs und Hanf und ihre Verarbeitung im Bündner Oberland. Kulturwissenschaftliche Skizzen. Zentralkomitee des SAC, Bern, 1919.

Il muliner e sia poppa. Annalas da la Società Retorumantscha, Chur 1938.

Jungo, Josef: Die Mühlen des Sensebezirks und seiner unmittelbaren Nachbarschaft. Beiträge zur Heimatkunde des Sensebezirks, 1970.

Jüttemann, Herbert: Alte Bauernsägen im Schwarzwald und in den Alpenländern. Verlag G. Braun, Karlsruhe 1984.

Keckeis, P. (Hg.): Die Sagen der Schweiz. Huber Verlag, Frauenfeld 1985.

Kuoni, J.: Zu Toggenburg, Volkskunde. Sagen des Kantons St. Gallen. St. Gallen 1902.

Moog, Berthold: Knochenstampfe in Therwil BL. Industriearchäologie 3/1984, 2–4.

Nater: Die alten Mühlen im Thurgau.

Pfluger, Elisabeth: Solothurner Geschichten. Aare Verlag, Solothurn 1984.

Portmann, Paul F.: Di letschti Chue tuet's Törli zue. Schweizerdeutsche Sprichwörter. Huber Verlag, Frauenfeld 1983.

Riva, Ely: Vecchi mulini del Ticino. Edizioni Giornale del Popolo, Lugano 1984.

Schubert, Franz: Gesänge für eine Singstimme mit Klavierbegleitung, Band 1. Edition Peters.

Uetz, Karl: Nuss, Matt u Räps. Hof Gyrensberg. Berner Heimatbuch. Verlag Paul Haupt, Bern 1939.

Wander, Karl F. W.: Deutsches Sprichwörter-Lexikon. F. A. Brockhaus, Leipzig 1873.

Windisch, Walter Wolf und Weich, Richard: Es klappert die Mühle. AT Verlag, Aarau 1982.

Nächste Doppelseite: Fassadeninschrift in Davos

Mühlen-Museen der Schweiz

Aarau
Stadtmuseum Alt-Aarau mit Schlösslimühle, Schlossplatz 23, 5000 Aarau, Tel. 064/222633
Öffnungszeiten: Museum Sa 14–17, So 10–12, Mühle So 10–12

Ballenberg BE
Freilichtmuseum Ballenberg, 3855 Brienz, Tel. 036/511123
Öffnungszeiten: 13. April bis 26. Oktober täglich, Apr., Mai, Okt. 10–17, Juni–Sept. 9.30–17.30
Mühlen aus Törbel und Naters VS, Gerstenstampfe aus Fuorn/Medel GR, Sägerei aus Rafz ZH, Knochenstampfe aus Knonau ZH

Basel
Papiermuseum, St. Alban-Tal 35–37, 4052 Basel, Tel. 061/239652
Öffnungszeiten: Di–So 14–17
Restauriertes Wasserrad, Einrichtungen und Produkte der Papierherstellung

Burgrain LU
Landwirtschaftsmuseum Burgrain, 6248 Burgrain, Tel. 045/712810
Öffnungszeiten: 1. April bis 31. Oktober Di–So 14–17
Restaurierte Mühle, landwirtschaftliche Geräte

Col-des-Roches NE
Confrérie des Moulins du Col-des-Roches, Combe-Sandoz 1, 2400 Le Locle, Tel. 039/316262
Besichtigung nach Vereinbarung

Davos GR
Heimatmuseum, Museumsstrasse 1, 7260 Davos-Dorf, Tel. 083/52666
Mühle frei zugänglich, Besichtigung nach Vereinbarung

Murten FR
Historisches Museum in der Stadtmühle, Moulin de la ville, Ryf 4, 3280 Morten, Tel. 037/713100
Öffnungszeiten: Di–So 14–17, Januar geschlossen
2 restaurierte Wasserräder, Handmühle aus der Pfahlbauerzeit

Schaffhausen
Museum zu Allerheiligen, 8200 Schaffhausen, Tel. 053/54308
Öffnungszeiten: Di–So 10–12, 14–17

Scuol GR
Heimatmuseum, Unterdorfplatz, 7550 Scuol, Tel. 084/91549
Öffnungszeiten: Mai, Juni, Okt. Di–Do 15–17, Juli–Sept. Di–Fr 10–11.30, 15–17, 13. Dez.–26. April Mi 15 Uhr Führung.
Alte Getreidemühle aus Ftan

Trun GR
Heimatmuseum Cuort Ligia Grischa, 7166 Trun, Tel. 086/81841 und 81818
Öffnungszeiten: Mitte April bis Mitte November 10–12, 14–17, im Winter nach Vereinbarung.
Alte Mühle aus Tuietsch

Valchava GR
Heimatmuseum Chasa Jaura, 7531 Valchava, Tel. 082/85317 und 85636
Öffnungszeiten: 20. Juni bis 20. Oktober Di–Fr 10–12, 14–17, Sa–So 15–18, April/ Mai nach Vereinbarung.
Alte Hammerschmiede aus Sta. Maria

Vallorbe VD
Musée du Fer, Rue des grandes forges, 1337 Vallorbe, Tel. 021/832583
Öffnungszeiten: Palmsonntag bis Allerheiligen täglich 9–12, 13.30–17.30, im Winter Gruppenführungen nach Anfrage.

Nächste Doppelseite:
Dieses mächtige Eisenrad schmückt den Innenraum des Restaurants in der Kartause Ittingen TG.

Übernächste Doppelseite:
Eisenmuseum von Vallorbe. Durchs Fenster ist das mächtige unterschlächtige Wasserrad ‹La Danube› mit seiner interessanten Speichenkonstruktion zu sehen. Es treibt über Transmissionsriemen (rechts im Bild) verschiedene Maschinen an.

Kleines Mühlenlexikon

Abräder: s. Rüttelsieb
Billhammer, Billenhammer: Werkzeug zum Schärfen des Mühlsteins
Bodenstein: unterer Mühlstein, der fest auf dem Boden ruht
Dreiangel, Haue: dreiarmiges Eisenstück, das auf dem *Mühleisen* sitzt und den Läufer trägt
Drilling: Getriebeteil mit Stecken, in die die Zähne eines *Kammrades* eingreifen
Druck: In der Ölmühle die Menge Pressgut, die auf einmal verarbeitet werden kann
Felge: äußerer Kranz des Wasserrades
Fruchtputzerei: trennt Verunreinigungen vom Mahlgut
Gerinne: Kanal, der das Wasser zum Rad leitet
Kammrad: Zahnrad mit einzeln eingesetzten Zähnen aus Holz
Kernen: entspelztes (gerelltes) *Korn* (Dinkel)
Kleie: äußeres Häutchen des Getreidekorns, enthält wertvolle Vitamine und Spurenelemente, wird beim Weißmehl nicht mitgemahlen
Kollergang: Der *Läufer* rollt wie ein Rad auf dem *Bodenstein* im Kreis herum
Korn, Dinkel: Getreide mit Spelz, s. auch *Kernen* (Weizen verliert den Spelz beim Dreschen)
Läufer: oberer Mühlstein, ruht drehbar auf der Achse des Mahlwerks
Mahlgang: Einrichtung zur Erzeugung von Mehl
mittelschlächtig: Radtyp, bei dem das Wasser ungefähr in Höhe der Achse auf die Schaufeln trifft
Malter: altes Getreidemaß, 1 Malter = 4 Mütt
Mühleisen: senkrechte Achse, trägt *Dreiangel* und *Läufer*
Mühlstuhl: kräftiges Gestell über dem Getriebe, trägt das (die) Mahlwerk(e)
Mülikorn: Getreide, das früher dem Müller als Mahllohn zustand
Mütt: altes Getreidemaß, ca. 100 Liter
oberschlächtig: Radtyp, bei dem das Wasser von oben auf die Schaufeln geleitet wird
Plöuwe: alter Ausdruck für Stampfe
Poche: Stampfe ohne Mörser, die Stößel fallen auf eine Bodenplatte
Reibe: Kollergang mit konischem *Läufer* zum Zerkleinern von Textilfasern oder Öl-Pressgut
Rellgang: Einrichtung zum Entspelzen (Rellen) von Dinkel – im Unterschied zum Mahlgang mit größerem Abstand zwischen den Steinen
Ritzel: kleines metallenes Zahnrad
Röndle: s. Rellgang
rückenschlächtig: Radtyp, bei dem das Wasser auf die Rückseite des Rades geleitet wird; das Rad dreht sich gegen die Fließrichtung des Wassers
Rüttelsieb: Einrichtung zum Aussieben grober Teile (Schrot und Kleie) aus dem gemahlenen Gut
Schaufelkammern: die Schaufeln bei ober- und rückenschlächtigen Rädern sitzen zwischen den Wangen der Felgen und bilden Kammern, die sich mit Wasser füllen.
Schiffsmühle: schwimmende, am Ufer vertäute Mühle auf Flüssen, vom Altertum bis ins 18. Jahrhundert gebräuchlich
Schlegel: überträgt rüttelnde Bewegung vom Mühlstein auf den Rüttelschuh
Schußkännel: steil abfallendes Schlußstück des *Gerinnes*
Schütttrichter: hölzernes Gefäß zur Aufnahme des zu mahlenden Korns
Sichter: Mehlsieb, trennt feingemahlenes Mehl von gröberem Mahlgut (Schrot, Kleie)
Speicher: tragende Verbindungen zwischen Radnabe und Felgenkranz in Form von Brettern, Bohlen, Latten, Balken oder Eisenprofilen

Steinauge: runde Öffnung im *Läufer*, durch die das Mahlgut zwischen die Steine rieselt
Stockmühle: kleine Mühle mit waagerechtem Wasserrad
Stockrad: Wasserrad einer *Stockmühle*
Stockgetriebe: s. *Drilling*
Strauberrad: unterschlächtiger Radtyp mit radial abstehenden Brettschaufeln
unterschlächtig: Radtyp, bei dem das Wasser unterhalb der Achse durchströmt
Viertel: altes Getreidemaß, 1/4 Mütt, ca. 25 Liter
Walzenstuhl: moderne Mahleinrichtung, das Mahlgut wird zwischen Walzen aus Hartguß oder Porzellan zerquetscht
Wehr: Verbauung in einem Gewässer, um einen Teil des Wassers in den Mühlenkanal zu leiten
Wellbaum: kräftige hölzerne Achse des Wasserrades
Wendelbaum: s. *Wellbaum*
Zarge: runder Kasten, der das Mahlwerk umschließt und das am Umfang der Steine austretende Mehl auffängt
Zentrifugalkraft: Fliehkraft, befördert das Mahlgut zwischen den Steinen nach außen
Zellen des Rades: s. *Schaufelkammern*
Zuppingerrad: unter- bzw. mittelschlächtiger Radtyp; Eisengerüst mit gekrümmten Schaufelträgern, auf die hölzerne Schaufelbretter montiert sind.

Nächste Doppelseite:
Die Mühle beim Heimatmuseum Davos Dorf GR.

Namen- und Sachverzeichnis

Verzeichnis der Abbildungen